単位の換算

1. 体積

   $1\,\text{L} = 1\,\text{dm}^3 = 10^{-3}\,\text{m}^3$

2. 圧力

   $1\,\text{Pa} = 1\,\text{N}\,\text{m}^{-2} = 1\,\text{kg}\,\text{m}^{-1}\,\text{s}^{-2}$

   $1\,\text{atm} = 101325\,\text{Pa}$

   $1\,\text{bar} = 1 \times 10^5\,\text{Pa}$

   $1\,\text{Torr} = 101325/760 \approx 133.322\,\text{Pa}$

   $1\,\text{mmHg} \approx 133.322\,\text{Pa}$

3. 温度

   $t/\text{℃} = T/\text{K} - 273.15$ (セルシウス温度と熱力学温度の関係式)

   $1\,\text{℃} = 1\,\text{K}$

4. エネルギー，エンタルピー

   $1\,\text{J} = 1\,\text{kg}\,\text{m}^2\,\text{s}^{-2}$

   $1\,\text{erg} = 1\,\text{g}\,\text{cm}^2\,\text{s}^{-2} = 1 \times 10^{-7}\,\text{J}$

   $1\,\text{cal} = 4.184\,\text{J}$

   (モルエネルギー，モルエンタルピーの単位は $\text{J}\,\text{mol}^{-1}$)

5. エントロピー，熱容量

   $1\,\text{J}\,\text{K}^{-1} = 1\,\text{kg}\,\text{m}^2\,\text{s}^{-2}\,\text{K}^{-1}$

   (モルエントロピー，モル熱容量の単位は $\text{J}\,\text{K}^{-1}\,\text{mol}^{-1}$)

基礎物理定数

モル気体定数　　$R = 8.3144626\cdots\,\text{J}\,\text{K}^{-1}\,\text{mol}^{-1} = 0.0820574\cdots\,\text{atm}\,\text{L}\,\text{K}^{-1}\,\text{mol}^{-1}$

アボガドロ定数(定義値)　$N_\text{A} = 6.02214076 \times 10^{23}\,\text{mol}^{-1}$

ボルツマン定数(定義値)　$k_\text{B} = 1.380649 \times 10^{-23}\,\text{J}\,\text{K}^{-1}$

ファラデー定数　$F = 9.64853321\cdots \times 10^4\,\text{C}\,\text{mol}^{-1}$

(標準大気圧　　101325 Pa)

演習で学ぶ
化学熱力学

■中田宗隆 著

Exercises in
Chemical Thermodynamics
by Munetaka NAKATA

基本の理解から大学院入試まで

裳華房

Exercises in Chemical Thermodynamics
―From Basic Understanding to Entrance Examination
of Graduate Schools―

by

Munetaka NAKATA

SHOKABO

TOKYO

JCOPY 〈出版者著作権管理機構 委託出版物〉

は じ め に

　化学熱力学を学ぶとき，その基本を理解したかどうかを確認するためには，計算問題を解いてみるとよい．逆にいえば，計算問題を解くことによって，その基本の理解が容易になるとも考えられる．この教科書はこのような考え方に基づいて，化学熱力学の初学者はもちろんのこと，これから大学院の入試を受験しようとする学部生が，一度学んだ化学熱力学を復習しながら，基本の考え方を確実に身につけられるように用意したものである．

　各章では，まず，選りすぐった「重要な基本事項」をコンパクトにまとめて最小限の説明をした．余分な枝葉を切り落とし，主なスペースは続く「例題」と「解答」に費やした．例題を解き，解答を理解することによって，この教科書のメインテーマである重要な基本事項の理解をめざしている．次に，「この章のまとめ」で重要な基本事項を復習する．例題を解いた後のほうが，内容を理解しやすいとの配慮からである．そして，最後に「演習問題」で，重要な基本事項が身についたかどうかを確認する．同じ内容について，形を変えながら4回も繰り返し学び，重要な基本事項を理解し，確実に身につけることを期待する．

　計算結果は温度を除いて基本的には4桁の有効数字で表現した．ただし，途中の計算は有効数字を増やして計算しているので，途中の4桁の有効数字の結果を使うと，最終的な結果に多少の数字のずれが生じることもあるが，それはまったく気にすることはない．この教科書の目的は計算結果があうことではなく，あくまでも，化学熱力学の基本を理解することである．また，小数点以下が0の場合，たとえば，1.0 mol の場合には，1 mol のように整数で表示することもあるが気にする必要はない．

2015年9月

中田　宗隆

目　次

第0章　物質量モルと単位の換算　1
概要（体積，圧力，温度，内部エネルギー，単位の換算，物質量）
例題と解答　5 ／　この章のまとめ　8 ／　演習問題　8
　コラム 0：山の上では気温が低い　9

第1章　気体の状態方程式　10
概要（平衡状態，示量性変数，示強性変数，理想気体，状態方程式）
例題と解答　12 ／　この章のまとめ　16 ／　演習問題　17
　コラム 1：寒暖計の赤い液体の正体は？　17

第2章　気体の圧力と速度分布　18
概要（運動エネルギー，根二乗平均速さ，ボルツマン分布，速度分布）
例題と解答　21 ／　この章のまとめ　24 ／　演習問題　25
　コラム 2：寒暖計の赤い液体の高さが変わる理由　26

第3章　いろいろな熱力学的過程　27
概要（定容過程，定圧過程，等温過程，断熱過程，熱力学第一法則）
例題と解答　31 ／　この章のまとめ　35 ／　演習問題　36
　コラム 3：物質から物質へのエネルギー移動　37

第4章　熱容量と分子運動　38
概要（定容熱容量，定圧熱容量，運動の自由度，熱容量の温度依存性）
例題と解答　41 ／　この章のまとめ　44 ／　演習問題　45
　コラム 4：太陽から放射されるエネルギー　46

第5章　熱エネルギーとエンタルピー　47
概要（定容過程の熱エネルギー，定圧過程の熱エネルギー，エンタルピー）
例題と解答　49 ／　この章のまとめ　52 ／　演習問題　52
　コラム 5：寒暖計は百葉箱の中に入れて気温を測る　53

第6章　化学反応とエンタルピー　54

概要（発熱反応，吸熱反応，標準生成エンタルピー，反応エンタルピー，ヘスの法則）

例題と解答　56／　この章のまとめ　60／　演習問題　61

　　コラム6：百葉箱は地表から離して設置する　62

第7章　相転移と転移エンタルピー　63

概要（物質の三態，相図，相平衡，融解エンタルピー，蒸発エンタルピー）

例題と解答　65／　この章のまとめ　70／　演習問題　71

　　コラム7：地表の温度を決める要因とは？　72

第8章　微視的状態数とエントロピー　73

概要（不可逆過程，可逆過程，熱力学第二法則，熱力学第三法則，標準エントロピー）

例題と解答　76／　この章のまとめ　81／　演習問題　82

　　コラム8：地表からは赤外線が放射される　83

第9章　相平衡と自由エネルギー　84

概要（束縛エネルギー，自由エネルギー，融解エントロピー，蒸発エントロピー）

例題と解答　87／　この章のまとめ　91／　演習問題　92

　　コラム9：二酸化炭素は赤外線を吸収する　93

第10章　マクスウェルの関係式とその応用　94

概要（マクスウェルの関係式，クラペイロンの式，クラペイロン-クラウジウスの式）

例題と解答　96／　この章のまとめ　102／　演習問題　103

　　コラム10：二酸化炭素と窒素，酸素との衝突　104

第11章　カルノーサイクルと熱効率　105

概要（第一種永久機関，第二種永久機関，熱機関，熱効率，最大効率）

例題と解答　108／　この章のまとめ　112／　演習問題　113

　　コラム11：石炭，石油を燃やせば，熱が出る　114

第 12 章　化学平衡と化学ポテンシャル　115

概要（モル分率，化学ポテンシャル，平衡定数，化学平衡の法則）

例題と解答　118 ／　この章のまとめ　122 ／　演習問題　123

　コラム 12：人工的なエネルギーは大気を温める　123

第 13 章　溶液のモル分率と相平衡　124

概要（ラウールの法則，ヘンリーの法則，理想溶液，混合自由エネルギー）

例題と解答　127 ／　この章のまとめ　131 ／　演習問題　132

　コラム 13：パソコンも使えば，大気を温める　133

第 14 章　溶液の束一的性質　134

概要（凝固点降下，沸点上昇，蒸気圧降下，浸透圧，ファントホッフの浸透圧法則）

例題と解答　137 ／　この章のまとめ　142 ／　演習問題　142

　コラム 14：自然のエネルギーを利用する　143

第 15 章　電解質溶液と解離定数　144

概要（解離度，電解質，ファントホッフ係数，電気伝導率，酸解離定数，化学電池）

例題と解答　147 ／　この章のまとめ　151 ／　演習問題　151

　コラム 15：植物と仲良くしよう！　152

単位の換算・基本物理定数 ・・・・・・・・・・・・・・・・・・表見返し
演習問題の略解 ・・・・・・・・・・・・・・・・・・・・・・・・153
　索　引 ・・・・・・・・・・・・・・・・・・・・・・・・・・・161

第 *0* 章
物質量モルと単位の換算

　はじめに，化学熱力学が学問体系の中でどのように位置づけられ，実際の日常生活の中でどのように関係しているかを学ぶ．また，化学熱力学で常に議論の対象となる物理量，すなわち，エネルギー，体積，圧力，温度などの単位について学ぶ．気体の場合には，これらの物理量は気体を構成する原子・分子の運動エネルギーで説明される．そこで，原子・分子の3種類の運動，すなわち，並進運動，振動運動，回転運動についても詳しく学ぶ．

　化学は物質の性質，構造，反応などを扱う学問である．化学を物質の種類で分類すると無機化学と有機化学になる．物質の種類ではなく，アプローチの方法で化学を二つに分けることもできる．一つは，どのようになっているだろうかと実際に調べる実験化学であり，もう一つは，どうしてそのようになっているだろうかと考える理論化学である．後者は物理学に基づいた解釈を行うので，物理化学といわれる．物理化学はさらに量子化学と化学熱力学に分類される（図 0・1）．量子化学は原子・分子レベルで考える学問である．原子・分子は小さ過ぎて目には見えないが，最近の科学技術の発展のおかげで，かなり，

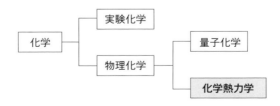

図 0・1　化学熱力学の位置づけ

厳密に理解できるようになってきた．とくに，コンピューターを用いた量子化学計算の理論的な発展はめざましく，実験を行わなくても，原子や分子の性質，構造，反応などを正確に予測することができるようになっている．

一方，化学熱力学は，原子や分子のミクロの世界とは異なり，日常，我々が手にしたり，目にしたりする物質（気体・液体・固体）の変化などを考える学問である．物質は原子や分子でできているのだから，量子化学ですべてがわかるはずだと思うかもしれないが，そうではない．気体・液体・固体のように，原子・分子が数えきれないほどの集団になったとき，そこには集団に固有の概念が必要となる．

たとえば，山に登れば次第に気温が下がる．また，山の頂上でお湯を沸かしても 100 ℃ にはならないので，カップラーメンは美味しくない．これらは化学熱力学の問題である．自動車のエンジンはガソリンを燃焼して，熱エネルギーをピストンの運動エネルギーに変換して自動車を動かす．また，最近のエアコンはヒートポンプ方式が用いられている．室外から集めた熱を室内に放出して暖房として働かせる．逆に，室内の空気から集めた熱を室外に放出すれば冷房となる．飲料水の自動販売機も同様である．これらもすべて化学熱力学に基づいて開発されたものである．身の回りにある装置や機械，身の回りで起こる自然現象の多くは化学熱力学によって理解される．

最近，地球温暖化の問題が深刻になっている．温暖化によって北欧の氷河や南極大陸の氷などが融けて海面が上昇して，いくつかの島が水没するのではないかと危惧されている．なんとなく，すべての責任を二酸化炭素のせいにしようとする風潮がある．政治学的に，あるいは，経済学的には正しいかもしれないが，科学的に正しいわけではない．そのことは，化学熱力学の基本をちゃんと理解できればあきらかになる．大気の温度とは本当は何なのか …．

化学熱力学の基本を理解するために，まずは気体について学ぶことにする．気体は原子や分子などの粒子からできている．気体の量を表す物理量が**物質量**である．物質量の単位としては mol（モル）を使う．1 mol に含まれる粒子の数は**アボガドロ数**であり，$6.02214076 \times 10^{23}$ という数である．たとえば，1 個

の炭素原子の質量は約 2.0×10^{-23} g であり，とてつもなく小さくてイメージがわかないが，1 mol の炭素の質量は 12 g であり，日常的に使う数字の大きさとなる．「1 mol あたり」をはっきりさせるために，この質量のことを**モル質量**という．たとえば，気体の窒素 N_2 のモル質量は約 28 g mol^{-1} である．

アボガドロ数は数を表す．化学熱力学ではアボガドロ数とは別に**アボガドロ定数**を定義する．これは「1 mol あたり」の粒子数のことなので，mol^{-1} の単位をつけて，$6.02214076 \times 10^{23}$ mol^{-1} となる．この値は最先端の実験技術を使って，2019 年に決められた定義値（誤差のない値）である．記号では N_A と書く（L と書くこともあるが，体積を表すリットルと間違えるので，ここでは N_A と書くことにする）．化学熱力学では質量の他にも「1 mol あたり」の物理量がよくでてくるので，アボガドロ数とアボガドロ定数の違いを理解しておくとよい．

気体の平衡状態（第 1 章で説明する）を表す物理量には**体積**，**圧力**，**温度**などがある．これらは**状態量**ともいわれ，気体のエネルギー（**内部エネルギー**）によって決まる物理量である．気体の場合，内部エネルギーは気体を構成する粒子の運動エネルギーのことと考えてよい（第 2 章を参照）．どのような運動かというと，ヘリウムのような単原子分子の場合には，重心が空間を移動する**並進運動**である．酸素や窒素のような多原子分子では，並進運動のほかにも，重心を不動の中心として，構成する原子間距離が伸びたり縮んだりする**振動運動**と，分子がぐるぐると回る**回転運動**がある（図 0・2）．固体では並進運動や回転運動はほとんどなく，振動運動が主な運動となる．液体は固体に比べて流

図 0・2　二原子分子の運動（黒丸は分子全体の重心）

動性があるので，気体ほどではないが，並進運動や回転運動もある．液体や固体では，上記の運動エネルギーのほかに，水素結合のような分子間力に基づくエネルギーも，内部エネルギーの一部として考える必要がある．したがって，複雑な内部エネルギーの絶対値を厳密に決めることは難しく，化学熱力学では，物理量の絶対値ではなく，差（Δ の記号を使う）を議論することが多い．

化学熱力学では，同じ物理量でもいろいろな単位が使われる．基本的には**国際単位系（SI 単位系）**で考えるとよい．SI 単位系では，長さを m（メートル），質量を kg（キログラム），時間を s（秒）で表すことを基本としている．そうすると，体積は m^3 で表すことになるが，日常的にはリットル（$1\,L = (10^{-1}\,m)^3 = 10^{-3}\,m^3$）が使われることが多い．あるいは 10 cm（= 1 dm）を使って，1 L のことを $1\,dm^3$ と書いたりする．d は**デシ**と読み，10^{-1} を表す．これは $(dm)^3$ と書かないと $10^{-1}\,m^3$ と勘違いしやすいが，単位の括弧は省略されることになっていて，$1\,dm^3$ は $10^{-3}\,m^3$ のこと，つまり 1 L のことである．

圧力は「単位面積あたりの力」として定義され，その単位は体積の単位よりも複雑である．力は 質量（kg）× 加速度（$m\,s^{-2}$）だから，SI 単位系を使えば，$kg\,m\,s^{-2}$ となる．これを面積（m^2）で割り算すると，圧力の単位は $kg\,m^{-1}\,s^{-2}$ となる．これを Pa と書き，**パスカル**と読む．そして，10^5 Pa を bar と書き，**バール**と読む．さらに複雑なのは，我々が日常的に使っている圧力の単位である 1 気圧（1 atm）が 101325 Pa と換算されることである．つまり，1 atm = 101325 Pa = 1.01325 bar となる．昔は熱力学的な物性値を決めるのに，1 atm の条件で実験が行われていた．最近では 1 bar の条件で決められることが多い．1 atm と 1 bar では 1 % ほどしか違わないが，圧力に大きく依存する物理量では，どちらの圧力で測定した値であるか，注意が必要である．なお，国際機関（IUPAC）の推奨に基づいて，本書では**標準状態**は圧力が 1 bar であることを表すことにする．

日常，我々は**摂氏温度**を使っている．水の凝固点は 0 ℃ であるし，水の沸点は 100 ℃ である．化学熱力学では基本的には**熱力学温度**を使う．単位は K（**ケルビン**）である．摂氏温度 t と熱力学温度 T の間には $t = T - 273.15$ とい

う関係式があり，簡単に換算できる．

エネルギー（仕事）は 距離 (m) × 力 (kg m s^{-2}) で定義される．したがって，SI 単位系では kg m^2 s^{-2} である．これを J と書き，**ジュール**と読む．化学熱力学では**カロリー**の単位もよく使われる．1 cal = 4.184 J である．なお，「1 mol あたり」のエネルギーを考えるときには，エネルギーの単位は J mol^{-1} となる（単位の換算と基礎物理定数については，表紙裏の見返しにまとめた）．

例題 1　大気について，以下の問いに答えよ．

(1) 大気を構成している気体は何か．また，それらの気体の分圧はおよそどのくらいか．ただし，水蒸気および 0.1 % 未満の気体を除く．

(2) 窒素 4 mol と酸素 1 mol を混ぜると，分子の数はどのくらいになるか．ただし，アボガドロ定数 N_A を 6.022×10^{23} mol^{-1} とする．

(3) 窒素分子のモル質量と，窒素分子 1000 個の質量を求めよ．ただし，窒素原子のモル質量を 14 g mol^{-1} とする．

(4) 酸素の気体 8 g には何個の酸素分子が含まれているか．ただし，酸素原子のモル質量を 16 g mol^{-1} とする．

解答 (1)：地球の表面付近の大気の成分は，窒素が 78 %，酸素が 21 %，アルゴンが 0.9 % である．各成分の分圧を求めるためには，全圧 (1 atm) に存在比を掛け算すればよいから，0.78 atm, 0.21 atm, 0.009 atm となる．

解答 (2)：分子の数を求めるためには，物質量にアボガドロ定数を掛け算すればよい．したがって，$(4+1) \times 6.022 \times 10^{23} = 3.011 \times 10^{24}$ 個となる．

解答 (3)：窒素分子は窒素原子 2 個からできている．したがって，窒素分子のモル質量は $2 \times 14 = 28$ g mol^{-1} = 2.8×10^{-2} kg mol^{-1} である．また，窒素分子 1 個の質量はモル質量をアボガドロ定数で割り算した値であり，それに 1000 個を掛け算すると，$1000 \times (2.8 \times 10^{-2}) / (6.022 \times 10^{23}) = 4.650 \times 10^{-23}$ kg が求める答えとなる．

解答 (4)：酸素分子 O$_2$ のモル質量は $16 \times 2 = 32$ g mol^{-1} である．したがって，8 g の気体の酸素に含まれる物質量は $8/32 = 0.25$ mol である．1 mol の分子の数はア

ボガドロ数だから，$0.25 \times 6.022 \times 10^{23} = 1.506 \times 10^{23}$ 個が求める答えとなる．

> **例題 2** 運動エネルギーについて，以下の問いに答えよ．ただし，アルゴンのモル質量を $40 \, \mathrm{g \, mol^{-1}}$ とする．
> (1) アルゴン原子が速さ $100 \, \mathrm{km \, h^{-1}}$ で運動しているとする．アルゴン原子 1 個の運動エネルギーを求めよ．
> (2) アルゴン原子が平均速さ $100 \, \mathrm{km \, h^{-1}}$ で運動しているとする．アルゴン 1 mol あたりの運動エネルギーを求めよ．
> (3) 気温 10 ℃ の冬の大気と 30 ℃ の夏の大気を比べたときに，どちらの運動エネルギーが大きいか．
> (4) 気体の内部エネルギーと固体の内部エネルギーの違いを説明せよ．

解答 (1)：質量を m，速さを v とすると，運動エネルギーは古典力学で知られているように $(1/2)mv^2$ で表される．アルゴン原子 1 個の質量はアルゴンのモル質量をアボガドロ定数で割り算すればよいから，$40/(6.022 \times 10^{23}) = 6.642 \times 10^{-23} \, \mathrm{g}$ である．したがって，アルゴン原子 1 個の運動エネルギーは，$(1/2) \times (6.642 \times 10^{-23}) \times 100^2 = 3.321 \times 10^{-19} \, \mathrm{g \, km^2 \, h^{-2}}$ となる．SI 単位系では質量はキログラム (kg)，距離はメートル (m)，時間は秒 (s) で表すことになっているので，g の代わりに $10^{-3} \, \mathrm{kg}$，km の代わりに $10^3 \, \mathrm{m}$，$\mathrm{h^{-1}}$ の代わりに $(60 \times 60 \, \mathrm{s})^{-1}$ を使うと，$3.321 \times 10^{-19} \, \mathrm{g \, km^2 \, h^{-2}} = 3.321 \times 10^{-19} \times 10^{-3} \times 10^3 \times 10^3 \times (60 \times 60)^{-2} \, \mathrm{kg \, m^2 \, s^{-2}} = 2.563 \times 10^{-23} \, \mathrm{kg \, m^2 \, s^{-2}} = 2.563 \times 10^{-23} \, \mathrm{J}$ となる．

解答 (2)：1 mol あたりの運動エネルギーは解答 (1) の値にアボガドロ定数を掛け算すればよいから，$(2.563 \times 10^{-23} \, \mathrm{J}) \times (6.022 \times 10^{23} \, \mathrm{mol^{-1}}) = 15.43 \, \mathrm{J \, mol^{-1}}$ となる．あるいは，最初からモル質量を使って計算すると，$(1/2) \times (40 \times 10^{-3}) \, (\mathrm{kg \, mol^{-1}}) \times (100 \times 10^3 \times 60^{-2})^2 \, (\mathrm{m^2 \, s^{-2}}) = 15.43 \, \mathrm{J \, mol^{-1}}$ となって，同じ値が求められる．1 個のアルゴン原子の場合にはエネルギーの単位が J であり，1 mol あたりのエネルギーの場合には $\mathrm{J \, mol^{-1}}$ となっていることに注意する．

解答 (3)：大気の内部エネルギーは，おもに大気を構成する気体 (窒素や酸素) の粒子の並進エネルギー，振動エネルギー，回転エネルギーの合計と考えてよい．粒子の運動エネルギーが高ければ温度は高く，粒子の運動エネルギーが低ければ温

度は低い（第 1 章で詳しく説明する）．したがって，冬の大気は夏の大気と比べて窒素や酸素の粒子の運動エネルギーが低い．

解答 (4)：気体は構成する粒子が相互作用をすることなく，独立に運動している状態である．したがって，気体の内部エネルギーは構成する粒子の並進運動，振動運動，回転運動で表される運動エネルギーの合計と考えてよい．一方，固体は構成する粒子が自由に運動することができないから，並進運動や回転運動は考えにくい．ただし，粒子間の距離が伸びたり縮んだりする振動運動はある．一つの分子の中の振動は**分子内振動**，分子と分子の間の振動は**分子間振動**，結晶のように構成する原子が一緒に振動するときには**格子振動**といったりする．これらの振動運動のエネルギーが内部エネルギーの一部である．固体では振動運動のエネルギー以外にも分子間力に基づくエネルギーなども内部エネルギーの一部であり，固体の内部エネルギーは複雑で，その絶対値を決めることは難しい．

例題 3 体積，圧力，温度について，以下の問いに答えよ．
(1) 体積が 10 L のとき，SI 単位系ではどのような値になるか．また，0.001 dm^3 は何 L か．
(2) 圧力が 2 atm のとき，SI 単位系ではどのような値になるか．また，1 bar は何 atm か．
(3) 水の凝固点と沸点を熱力学温度（単位はケルビン K）で表せ．

解答 (1)：1 L は SI 単位系では 10^{-3} m^3 だから，10 L は 10^{-2} m^3 である．また，1 L は 1 dm^3 だから，0.001 dm^3 は 0.001 L である．

解答 (2)：1 atm（1 気圧）は SI 単位系では 1.013×10^5 Pa である．1 Pa は力の単位 N（ニュートン）を使うと 1 N m^{-2} のことである．1 N は 1 kg m s^{-2} のことだから，2 atm = $2 \times (1.013 \times 10^5)$ Pa = 2.026×10^5 Pa = 2.026×10^5 kg m^{-1} s^{-2} となる．また，1 bar は 1×10^5 Pa のことだから，1 bar = 1×10^5 Pa = $(1 \times 10^5)/(1.013 \times 10^5)$ = 0.9869 atm となる．

解答 (3)：摂氏温度 t と熱力学温度 T の間には，$t = T - 273.15$ という関係式が成り立つ．したがって，水の凝固点 0 ℃ は 273.15 K，水の沸点 100 ℃ は 373.15 K と計算できる．

この章のまとめ

1. 物質量が 1 mol の気体には約 6.022×10^{23} 個の粒子が含まれる．この数をアボガドロ数という．
2. アボガドロ定数には「1 mol あたり」を表すために mol^{-1} の単位がつく．
3. アルゴンのように，単原子分子からなる気体の内部エネルギーはおもに並進運動のエネルギーである．
4. 窒素や酸素のように，多原子分子からなる気体の内部エネルギーはおもに並進運動，振動運動，回転運動のエネルギーである．
5. 固体の内部エネルギーはおもに分子内振動，分子間振動，格子振動などのエネルギーと分子間力などに基づくエネルギーである．
6. 内部エネルギーの絶対値を決めることは難しいので，化学熱力学では差（Δ）を議論することが多い．
7. 体積の単位の換算には，$1\,\mathrm{L} = 1\,\mathrm{dm}^3 = 1 \times 10^{-3}\,\mathrm{m}^3$ を用いる．
8. 圧力の単位の換算には，$1\,\mathrm{atm} = 1.01325 \times 10^5\,\mathrm{Pa} = 1.01325\,\mathrm{bar} = 1.01325\,\mathrm{kg\,m^{-1}\,s^{-2}}$ を用いる．
9. 温度の単位の換算には，摂氏温度（℃）= 熱力学温度（K）− 273.15 を用いる．
10. エネルギーの単位の換算には，$1\,\mathrm{cal} = 4.184\,\mathrm{J} = 4.184\,\mathrm{kg\,m^2\,s^{-2}}$ を用いる．

演習問題

1. 水素の気体 4 g に水素原子は何個あるか．ただし，水素原子のモル質量を 1 g mol^{-1}，アボガドロ定数を $6.022 \times 10^{23}\,\mathrm{mol}^{-1}$ とする．
2. 水素分子 1 個の質量は何 kg か．
3. ヘリウム原子にはどのような運動があるか．
4. 水素分子にはどのような運動があるか．
5. 時速 36 km は秒速何メートルか．
6. 質量 600 kg の車が時速 36 km で走っているときの運動エネルギーは何 J か．

7. 圧力 2 bar は何 atm か.
8. 熱エネルギー 600 kcal は何 J か.

コラム ⓪

山の上では気温が低い

　山に登ると涼しいと感じることが多い．どうやら，標高が高くなると気温が下がるらしい．どうして気温が下がるのかというと，重力が関係している．大気は窒素，酸素，アルゴンなどの粒子からできている（第0章の例題1）．粒子は質量をもっているから，当然，地球に引っ張られる．ただし，ヘリウムのように質量が小さくなると，運動エネルギーが重力に打ち勝って，地球を離れて宇宙に旅立ってしまう．重力と運動エネルギーのバランスで，窒素，酸素，アルゴンは大気となる．そうすると，単位体積あたりの粒子数は地表で最も多く，標高が高くなるにつれて大気の密度は小さくなる．密度が小さくなれば，単位体積あたりの粒子数も少なくなり，運動エネルギーの総量も少なくなる．温度は粒子の運動エネルギーの総和であるから（第2章の (2・2) 式），したがって，山に登れば気温が下がる．（コラム1に続く）

第1章

気体の状態方程式

　状態量には示量性変数と示強性変数の2種類がある．エネルギーや体積は示量性変数であり，圧力や温度は示強性変数である．また，気体の体積，圧力，温度の間には関係式がある．理想気体の場合には理想気体の状態方程式があり，$PV = nRT$である．しかし，この式は実在の気体では成り立たない．粒子間の相互作用や粒子に有限の大きさがあるからだ．それらを考慮した関係式がファンデルワールスの状態方程式である．圧縮因子は実在気体が理想気体からどのくらいずれているかを表す．

　1 mol の気体は N_A 個の粒子（原子あるいは分子）から構成されている．個々の粒子の運動エネルギーは衝突などによって刻一刻と変化しているが，外からエネルギーを与えない限り，気体全体の運動エネルギーは一定のままである．このような状態を**平衡状態**という．平衡状態ではエネルギーだけでなく，**体積**も**圧力**も**温度**も一定の値を示す．平衡状態で一定の値を示すこれらの物理量を**状態量**という．

　同じ平衡状態の気体を考え，物質量を2倍にしたときに2倍になる物理量を**示量性変数**，物質量を2倍にしても変わらない物理量を**示強性変数**という（**図1・1**）．体積は示量性変数，圧力や温度は示強性変数である．

　体積 V，圧力 P，温度 T には関係式が成り立つ．温度が一定という条件のとき，気体の体積は圧力に反比例する．つまり，$V =$ 定数 $\times (1/P)$ である．これを**ボイルの法則**という．また，圧力が一定という条件のとき，気体の体積は温度に比例する．つまり，$V =$ 定数 $\times T$ である．これを**シャルルの法則**という．二つの法則をあわせて，$PV =$ 定数 $\times T$ と書くことができる．左辺の

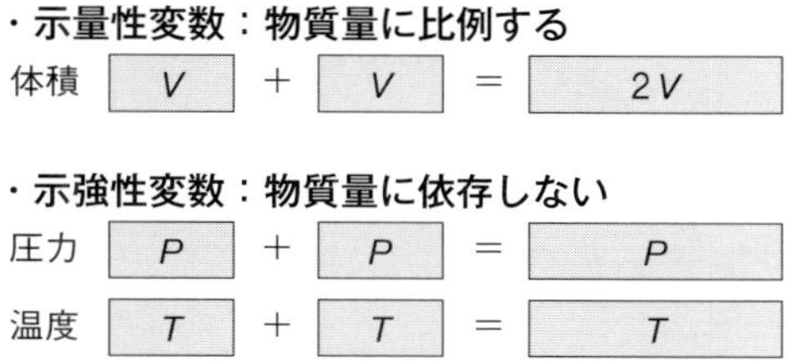

- **示量性変数：物質量に比例する**

体積　　V　+　V　=　$2V$

- **示強性変数：物質量に依存しない**

圧力　　P　+　P　=　P

温度　　T　+　T　=　T

図 1・1　示量性変数と示強性変数（物質量を長方形の面積で表す）

P は示強性変数であるが，V は示量性変数なので，右辺は示量性変数でなければならない．温度 T は示強性変数なので，定数が示量性変数（物質量に比例する変数）である．そこで，定数を nR と書くことにする．n は物質量，R は気体定数で，$8.3144626\cdots\,\mathrm{J\,K^{-1}\,mol^{-1}}$ である．結局，体積，圧力，温度の間には，

$$PV = nRT \quad \text{または} \quad P = \frac{RT}{V/n} \tag{1・1}$$

という関係式がある．V/n は「1 mol あたり」の体積なので，**モル体積**という．また，この式が成り立つと仮定した気体を**理想気体**といい，この式を**理想気体の状態方程式**という．

実際の気体（**実在気体**）はこの理想気体の状態方程式からずれていて，次に示す**ファンデルワールスの状態方程式**が近似的に成り立つといわれている．

$$\left(P + \frac{a}{(V/n)^2}\right)(V - nb) = nRT$$
$$\text{または} \quad P = -\frac{a}{(V/n)^2} + \frac{RT}{(V/n) - b} \tag{1・2}$$

定数 a は粒子間に働く力に関係した定数であり，粒子間力が大きくなると，実際の圧力は小さくなる（下の式の右辺の第一項の符号が負である）．圧力は粒子が容器の壁に衝突しようとする力に関係しているが，それをほかの粒子が引っ張ってじゃまをするので圧力が少しだけ小さくなることを表す．また，定数 b は粒子の大きさに関係した定数であり，実際に粒子の運動できる体積が容器の体積よりも小さくなることを表す．V/n に対する補正だから，b は 1 モルあたりの定数である．a, b のことを**ファンデルワールス定数**という．a は

粒子間に働く力が大きいほど大きく，b は粒子の大きさが大きいほど大きい．

圧縮因子 Z は PV/nRT で定義され，実在気体が理想気体からどのくらいずれているかの目安に使われる．理想気体では状態方程式 $PV = nRT$ が成り立つから，圧縮因子は 1 である．一方，実在気体では，圧縮因子は 1 からずれる．

例題 1 次の物理量の中で示量性変数はどれか．また，示強性変数はどれか．
(a) 体積，(b) 圧力，(c) 温度，(d) 内部エネルギー，(e) 質量，(f) 密度

解答：示量性変数とは，物質量が増えるとそれに伴って増える物理量のことである．一方，示強性変数とは物質量が増えても変わらない物理量のことである（図 1・1）．内部エネルギーも質量も，体積と同じように物質量が増えるとそれに伴って増えるので示量性変数である．一方，圧力も温度も，物質量が増えても変わらないから示強性変数である．密度は単位体積あたりの質量のことである．体積も質量も示量性変数であるが，示量性変数を示量性変数で割り算した密度は示強性変数である．結局，示量性変数は (a), (d), (e)，示強性変数は (b), (c), (f) となる．なお，第 5 章で学ぶエンタルピーや，第 8 章で学ぶエントロピーや，第 9 章で学ぶ自由エネルギーは示量性変数である．

例題 2 気体定数について，以下の問いに答えよ．
(1) 気体定数 R の値は $8.314 \, \mathrm{J \, K^{-1} \, mol^{-1}}$ である．圧力の単位である Pa を使うとどのような値になるか．なお，$1 \, \mathrm{Pa} = 1 \, \mathrm{kg \, m^{-1} \, s^{-2}}$ である．
(2) 圧力の単位として atm を，体積の単位として L を使って，気体定数 R を表せ．なお，$1 \, \mathrm{atm} = 1.013 \times 10^5 \, \mathrm{Pa}$ である．

解答 (1)：気体定数の単位は $\mathrm{J \, K^{-1} \, mol^{-1}} = \mathrm{kg \, m^2 \, s^{-2} \, K^{-1} \, mol^{-1}} = \mathrm{Pa \, m^3 \, K^{-1} \, mol^{-1}}$ のように変換できる．したがって，圧力の単位として Pa，体積の単位として $\mathrm{m^3}$ を使うと，気体定数は $R = 8.314 \, \mathrm{Pa \, m^3 \, K^{-1} \, mol^{-1}}$ となる．

解答 (2)：$1 \, \mathrm{Pa}$ を $1/(1.013 \times 10^5) \, \mathrm{atm}$ に変換し，$1 \, \mathrm{m^3}$ を $10^3 \, \mathrm{L}$ に変換すると，$R = 8.314 \, \mathrm{Pa \, m^3 \, K^{-1} \, mol^{-1}} = \{8.314/(1.013 \times 10^5)\} \times 10^3 = 0.08206 \, \mathrm{atm \, L \, K^{-1} \, mol^{-1}}$ となる．

例題3 理想気体の体積, 圧力, 温度について, 以下の問いに答えよ.
(1) 圧力 1 atm, 温度 25 ℃ で, 1 mol の理想気体の体積は何 L か.
(2) 温度 30 ℃, 体積 25 L で, 2 mol の理想気体の圧力は何 atm か.
(3) 圧力 2 bar, 体積 0.05 m³ で, 4 mol の理想気体の温度は何 ℃ か.

解答 (1)：求める体積を V とすると, 理想気体の状態方程式から $1 \times V = 1 \times 0.08206 \times 298.15$ が成り立つ. したがって, $V = 24.47$ L となる. ここでは圧力の単位に atm が使われているので, 例題2の解答である $R = 0.08206$ atm L K^{-1} mol^{-1} を使って, 体積を L の単位で求めた. もしも, SI 単位系で計算したければ, 圧力を atm から Pa に変換し, $R = 8.314$ J K^{-1} mol^{-1} を使うと, $V = (8.314 \times 298.15)/(1.013 \times 10^5) = 0.02447$ m³ $= 24.47$ L となって, 同じ値が得られる.

解答 (2)：求める圧力を P とすると, 理想気体の状態方程式から $P \times 25 = 2 \times 0.08206 \times 303.15$ が成り立つ. したがって, $P = 1.990$ atm となる.

解答 (3)：求める温度を T とすると, 理想気体の状態方程式から, $(2 \times 10^5) \times 0.05 = 4 \times 8.314 \times T$ となる. したがって, $T = 300.68$ K $= 27.53$ ℃ となる. この問題の場合には, 圧力の単位が bar で与えられているので Pa に変換し, $R = 8.314$ J K^{-1} mol^{-1} を使って, SI 単位系で計算した.

例題4 実在気体では, ファンデルワールスの状態方程式が成り立つといわれている. ファンデルワールス定数 a について, 以下の問いに答えよ.
(1) アルゴンとクリプトンのどちらの定数 a が大きいか. 理由も答えよ.
(2) メタンとアンモニアのどちらの定数 a が大きいか. 理由も答えよ.
(3) 定数 a と沸点との関係を述べよ. また, メタン, エタン, プロパン, ブタンの沸点を調べ, 定数 a の大きさの順番を答えよ.

解答 (1)：クリプトンの電子数のほうがアルゴンよりも多く, 電気的な偏りができやすい. 電気的な偏りができれば, 化学結合をつくることもでき, たとえば, クリプトンではフッ化物などが知られている. そうすると, アルゴン同士よりもクリプトン同士の相互作用のほうが大きいことが予想されるので, クリプトンの定数 a のほうがアルゴンよりも大きい.

解答 (2)：メタン分子は炭素原子と水素原子からできている．炭素と水素の電気陰性度はあまり違わないので，メタンの電気的な偏りは小さい．一方，アンモニア分子には非共有電子対があり，電気的な偏りが大きい．メタン同士よりもアンモニア同士の分子間相互作用のほうが大きいので，アンモニアの定数 a のほうが大きい．

解答 (3)：定数 a が大きいということは，分子間相互作用が大きいことを意味する．分子間相互作用が大きいと，液体は気体になりにくい．つまり，沸点が高い．したがって，沸点が高いと定数 a が大きく，沸点が低いと定数 a が小さい．飽和炭化水素では炭素数が多いほど分子間相互作用（疎水結合）＊ が大きく，沸点も高くなる．

　　　　メタン(109 K) ＜ エタン(184 K) ＜ プロパン(231 K) ＜ ブタン(273 K)

したがって，この順番で定数 a も大きくなる．

例題 5　実在気体では，ファンデルワールスの状態方程式が成り立つといわれている．ファンデルワールス定数 b について，以下の問いに答えよ．
(1) アルゴンとクリプトンのどちらの定数 b が大きいか．
(2) メタンとアンモニアのどちらの定数 b が大きいか．
(3) 窒素と酸素のどちらの定数 b が大きいか．
(4) メタン，エタン，プロパン，ブタンの定数 b の大きさの順番を答えよ．

解答 (1)：アルゴンとクリプトンの電子数を比べると，クリプトンのほうが多いので，原子半径も大きいと考えられる．実際にそれぞれのファンデルワールス半径（結晶状態での原子間距離の半分）は，アルゴンが 1.88 Å $(= 1.88 \times 10^{-10}$ m$)$ でクリプトンが 2.02 Å である．したがって，クリプトンの定数 b はアルゴンよりも大きい．

解答 (2)：メタン分子は炭素原子に 4 個の水素原子が結合している．一方，アンモニア分子は窒素原子に 3 個の水素原子が結合している．したがって，メタンの体積のほうがアンモニアよりも大きいと考えられ，メタンの定数 b のほうがアンモニアよりも大きい．

＊　分子間相互作用については中田宗隆『化学結合論』(裳華房, 2012) に詳しく書いてある．

解答 (3)：窒素分子の化学結合は三重結合であり，二重結合の酸素分子よりも π 電子の数が多い．π 電子は非共有電子対よりも空間的に広がっていると考えられる．したがって，窒素の定数 b のほうが酸素よりも大きい．

解答 (4)：飽和炭化水素では炭素数が多いほど分子の体積は大きい．したがって，炭素数が多くなるにつれて定数 b も大きくなると考えられる．そうすると，飽和炭化水素の定数 b の大きさの順番は次のようになる．

$$\text{メタン} < \text{エタン} < \text{プロパン} < \text{ブタン}$$

例題 6 圧縮因子について，以下の問いに答えよ．

(1) 温度 25 ℃ で，1 mol のメタンが 10 dm³ の容器に入っているとする．メタンを理想気体としたときの圧力と，ファンデルワールスの状態方程式が成り立つとしたときの圧力を求めよ．ただし，メタンのファンデルワールス定数は，$a = 2.273$ atm dm⁶ mol⁻²，$b = 0.0431$ dm³ mol⁻¹ である．また，この状態のメタンの圧縮因子を求めよ．

(2) 圧力 10 bar で，2 mol のアルゴンが 10 dm³ の容器に入っているとする．アルゴンを理想気体としたときの温度と，ファンデルワールスの状態方程式が成り立つとしたときの温度を求めよ．ただし，アルゴンのファンデルワールス定数は，$a = 1.331$ atm dm⁶ mol⁻²，$b = 0.0318$ dm³ mol⁻¹ である．また，この状態のアルゴンの圧縮因子を求めよ．

解答 (1)：メタンを理想気体とすると，状態方程式 $PV = nRT$ が成り立つ．したがって，求める圧力は $P = (1 \times 0.08206 \times 298.15)/10 = 2.447$ atm となる．問題ではファンデルワールス定数の単位の中に atm が使われているので，気体定数として 0.08206 atm L K⁻¹ mol⁻¹ を用いた．一方，メタンのファンデルワールス定数をファンデルワールスの状態方程式である (1・2) 式に代入すると，求める圧力は $P = -2.273/10^2 + (1 \times 0.08206 \times 298.15)/(10 - 0.0431) = 2.434$ atm となる．したがって，圧縮因子は $Z = PV/RT = (2.434 \times 10)/(0.08206 \times 298.15) = 24.34/24.47 = 0.9950$ となる．この値はファンデルワールスの状態方程式を使って求めた圧力 (2.434 atm) と理想気体の状態方程式を使って求めた圧力 (2.447 atm) との比でもある．

解答 (2): アルゴンを理想気体とすると，理想気体の状態方程式 $PV = nRT$ が成り立つ．ファンデルワールス定数の単位の中に atm が使われているので，圧力を bar から atm に換算してから計算すると，求める温度は $T = (10.0/1.01325) \times 10.0/(2.0 \times 0.08206) = 601.36$ K となる．一方，アルゴンのファンデルワールス定数を (1・2) 式に代入すると，求める温度は $T = (10.0/1.013 + 1.331/(10.0/2.0)^2) \times (10.0/2.0 - 0.0318)/0.08206 = 600.76$ K となる．したがって，圧縮因子は $Z = PV/nRT = (10.0/1.01325) \times 10.0/(2.0 \times 0.08206 \times 600.76) = 98.69/98.59 = 1.0010$ となる．この値はファンデルワールスの状態方程式を使って求めた温度 (600.76 K) の逆数と，理想気体の状態方程式を使って求めた温度 (601.36 K) の逆数との比でもある．

この章のまとめ

1. 平衡状態では，個々の粒子のエネルギーは衝突などによって刻一刻と変化するが，気体全体のエネルギーは一定の値を示す．
2. 平衡状態で一定の値を示す物理量を状態量という．
3. 体積などは示量性変数，圧力や温度などは示強性変数である．
4. 気体定数 R の値は $8.3144626\cdots$ J K^{-1} mol^{-1} である．圧力の単位 atm，体積の単位 L を使うと，$0.0820574\cdots$ atm L K^{-1} mol^{-1} となる．
5. 温度が一定のとき，体積は圧力に反比例する．これをボイルの法則という．
6. 圧力が一定のとき，体積は温度に比例する．これをシャルルの法則という．
7. 理想気体では，体積，圧力，温度について状態方程式 $PV = nRT$ が成り立つ．
8. 実在気体では，体積，圧力，温度についてファンデルワールスの状態方程式 $\left(P + \dfrac{a}{(V/n)^2}\right)(V - nb) = nRT$ が成り立つ．
9. ファンデルワールス定数 a は粒子間に働く力に関する補正を，定数 b は粒子の大きさに関する補正を表す．
10. 実在気体の圧縮因子は理想気体からのずれの目安である．

演習問題

1. 濃度は示量性変数か示強性変数か．
2. 圧力 1 atm，温度 300 K で，1 mol の理想気体の体積は何 L か．
3. 圧力 2 bar，温度 300 K で，2 mol の理想気体の体積は何 m^3 か．
4. 体積 30 L，温度 300 K で，1 mol の理想気体の圧力は何 Pa か．
5. 圧力 20000 Pa，体積 20 L，温度 500 K の理想気体の物質量を求めよ．
6. 一酸化炭素と二酸化炭素のファンデルワールス定数を比較せよ．
7. ファンデルワールスの状態方程式を使って，体積 1 dm^3，温度 1000 K の 1 mol の二酸化炭素の圧力を求めよ．ただし，二酸化炭素のファンデルワールス定数は，$a = 3.607$ atm dm^6 mol^{-2}，$b = 0.0428$ dm^3 mol^{-1} とする．
8. 問題 7 の気体が理想気体であるとして圧力を求め，問題 7 の結果と比較して圧縮因子を計算せよ．

コラム ❶

寒暖計の赤い液体の正体は？

大気の温度を測る温度計として様々なものが売られている．デジタル化されていて，どのようにして測っているのか仕組みもわからないものも多い．そんな中で，昔から使われ，今でもよく使われているシンプルな温度計がある．それは寒暖計とよばれる．細いガラス管の中に赤い液体が入っていて，気温が上がれば赤い液体の高さは高くなり，気温が下がれば高さは低くなる．赤い液体の高さを見て，すぐに気温がどのくらいなのかがわかるので，とても便利である．寒暖計の中の液体は何かというと，昔はアルコールが使われていた．最近では灯油とか軽油が使われているらしい．いずれにしても，アルコール，灯油，軽油などは透明な液体である．色がついていないと，液体の高さが高くなったか低くなったかがわかりにくい．そこで，これらの液体に溶ける赤い色素を加えて見やすくしてある．（コラム 2 に続く）

第2章 気体の圧力と速度分布

　気体の体積，圧力，温度は，気体を構成する粒子の運動エネルギーで決まる．速く運動する粒子が多ければ体積は大きく，圧力と温度は高くなる．どのくらいの速さで運動している粒子がどのくらいの確率で存在するかを理解するために，ボルツマン分布を仮定する．ボルツマン分布とは，二つの状態のエネルギー差を ΔE とし，エネルギーの高い状態の粒子数を n_2，エネルギーの低い状態の粒子数を n_1 とするときに，$n_2/n_1 = \exp(-\Delta E/k_{\mathrm{B}}T)$ で表される分布のことである．

　気体の体積，圧力，温度は，気体を構成する粒子の運動エネルギーで決まる．粒子の質量を m，x 方向の速度を v_x とすると，古典力学で知られているように，x 方向の運動エネルギーは $(1/2)mv_x^2$ である．個々の粒子の速度は衝突などによって刻一刻と変わり，運動エネルギーも変わるが，平衡状態では気体全体の運動エネルギーは変わらない．そこで，粒子の速度の2乗の平均値を $\langle v_x^2 \rangle$ と表現すると，1 mol の物質量（N_{A}個）では，気体の x 方向の運動エネルギーの合計は，$E = N_{\mathrm{A}}(1/2)m\langle v_x^2 \rangle$ となる．圧力 P に体積 V を掛け算すると，エネルギーになるから（例題2参照），

$$\frac{1}{2}PV = N_{\mathrm{A}}\left(\frac{1}{2}m\langle v_x^2 \rangle\right) \tag{2・1}$$

となる*．

　(2・1)式からわかるように，圧力が一定ならば，体積は運動エネルギーに比例する．また，体積が一定ならば，圧力も運動エネルギーに比例する．さら

---

*　どうして (2・1) 式の左辺の係数 1/2 が現れるのか，その理由については，中田宗隆『化学熱力学 ―基本の考え方 15 章―』(東京化学同人，2012) に詳しく書いてある．

に，(2・1) 式に 1 mol $(n=1)$ の理想気体の状態方程式 $PV=RT$ を代入すると，

$$\frac{1}{2}RT = N_\mathrm{A}\left(\frac{1}{2}m\langle v_x^2\rangle\right) \tag{2・2}$$

となる．つまり，気体の温度も運動エネルギーに比例する．

3次元空間の運動では，(2・2) 式と同様の式が y 方向でも z 方向でも成り立つので，運動エネルギー E は，

$$E = N_\mathrm{A}\left(\frac{1}{2}m\langle v^2\rangle\right) = N_\mathrm{A}\left(\frac{1}{2}m\langle v_x^2\rangle + \frac{1}{2}m\langle v_y^2\rangle + \frac{1}{2}m\langle v_z^2\rangle\right) = \frac{3}{2}RT \tag{2・3}$$

となる．第 0 章で説明したように，原子で構成されるアルゴンのような単原子分子の気体の内部エネルギー U は，上記で説明した並進運動のエネルギーと考えられる．したがって，

$$U = N_\mathrm{A}\left(\frac{1}{2}m\langle v^2\rangle\right) = \frac{3}{2}RT \tag{2・4}$$

となる．ここで，$N_\mathrm{A}m$ は粒子の質量にアボガドロ定数を掛け算したものだから，モル質量 M のことである．そうすると，気体を構成する粒子の平均的な速さを表す**根二乗平均速さ**は次のようになる．

$$\sqrt{\langle v^2\rangle} = \sqrt{\frac{3RT}{M}} \tag{2・5}$$

根二乗平均速さは温度の平方根に比例し，モル質量の平方根に反比例する．

平衡状態では，粒子の速度は刻一刻と変わっているが，どのくらいの速さの粒子がどのくらいの割合で存在するかは決まっている．エネルギーの低い状態の粒子の数を n_1，エネルギーの高い状態の粒子の数を n_2，エネルギー差を ΔE とすると，n_1 と n_2 の比は次の**ボルツマン分布**の式で表される．

$$\frac{n_2}{n_1} = \exp\left(-\Delta E/k_\mathrm{B}T\right) \tag{2・6}$$

ここで，k_B は**ボルツマン定数**とよばれる定数であり，気体定数 R をアボガドロ定数 N_A で割り算した値 ($k_\mathrm{B} = R/N_\mathrm{A} = 1.380649\times 10^{-23}\,\mathrm{J\,K^{-1}}$) である．

つまり，1 mol あたりの気体定数ではなく，粒子1個あたりの気体定数に相当する．もしも，ΔE が「1 mol あたり」のエネルギーで与えられるならば，(2・6) 式の k_B を R で置き換えればよい．なお，exp は指数関数を表し，括弧の中は常に負の値だから，(2・6) 式の右辺は必ず 0 から 1 の間の値になる．つまり，温度 T での平衡状態では，エネルギーの高い粒子数 n_2 は，エネルギーの低い粒子数 n_1 よりも必ず少ない（図 2・1）．

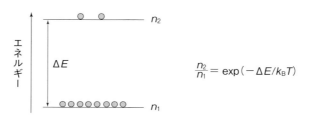

図 2・1　ボルツマン分布

粒子の運動エネルギーは静止しているときが最も低く，0 である．一方，1次元空間で，速度 v_x で運動している粒子の運動エネルギーは，静止している粒子よりも $(1/2)mv_x^2$ 高い．したがって，静止している粒子数との比は，

$$\frac{n_2}{n_1} = \exp\left(-\frac{1}{2}mv_x^2/k_BT\right) \quad (2\cdot7)$$

となる．n_1 を**規格化定数**と考えると，n_2 は粒子数ではなく確率分布を表し，(2・7) 式は，

$$n_2 = \sqrt{\frac{m}{2\pi k_BT}} \exp\left(-\frac{1}{2}mv_x^2/k_BT\right) \quad (2\cdot8)$$

となる（詳しくは 18 ページ脚注の文献を参照）．横軸に v_x，縦軸に n_2 をとったグラフが粒子の**速度分布**である（図 2・2(a)）．温度が低くなると分布は狭くなり，温度が高くなると分布が広がる．

3次元空間では，(2・8) 式と同様の式がどちらの方向についても成り立つ．したがって，同じ速さ（速度の大きさ）の全部の粒子の数を計算するためには，速さ v を半径とする球の表面積 ($4\pi v^2$) を掛け算すればよい．また，規格定

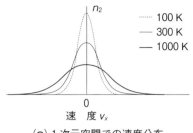
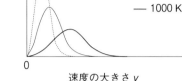

(a) 1次元空間での速度分布　　(b) 3次元空間での速度分布

図2・2　粒子の速度分布

数は x, y, z について同じ式になるので3乗して，

$$n_2 = \left(\sqrt{\frac{m}{2\pi k_B T}}\right)^3 4\pi v^2 \exp\left(-\frac{1}{2} mv^2/k_B T\right) \tag{2・9}$$

となる．3次元空間で，方向が違っていても同じ速さの粒子を足し算した速度分布は**図 2・2 (b)** のようになる．横軸の物理量が，図 2・2 (a) の方向をもつ速度ではなく，大きさを表す速さになっていることに注意する．

例題 1　理想気体の体積，圧力，温度と運動エネルギーの関係について，以下の問いに答えよ．

(1) 体積 30 L の容器の中で，1 mol の気体を加熱して，圧力を 1 bar から 2 bar に上げた．気体全体の運動エネルギーは増えたか，減ったか．

(2) 地球が温暖化する前と後で，大気の窒素や酸素の運動エネルギーはどちらが大きいか．

(3) 圧力 1 bar で，1 mol の気体の体積が 30 L になっているときと，50 L になっているときでは，どちらの運動エネルギーが大きいか．

解答 (1)：体積が一定の条件では，運動エネルギーは圧力に比例するから，2 bar のほうが運動エネルギーは大きい．

解答 (2)：運動エネルギーは温度に比例するから，地球温暖化した後の窒素や酸素の運動エネルギーのほうが温暖化する前よりも大きい．

解答 (3)：圧力が一定の条件では，運動エネルギーは体積に比例するから，50 L の気

体の粒子の運動エネルギーのほうが大きい．同じ粒子数で大きな体積を維持して同じ圧力になるためには，個々の粒子の速度が大きくなければならない．

> **例題 2** 圧力に体積を掛け算すると，エネルギーの単位になることを示せ．

解答：圧力は単位面積あたりの力である．力は 質量 (kg) × 加速度 (m s^{-2}) である．したがって，圧力の単位は kg m s^{-2}/m^2 = kg m^{-1} s^{-2} となる．また，圧力に体積 (m^3) を掛け算すると，kg m^2 s^{-2} となる．第 0 章で説明したように，これはエネルギーの単位 J である．

> **例題 3** 圧力 1 atm で，体積 24 L の容器に入っている 1 mol のアルゴンの内部エネルギーについて，以下の問いに答えよ．ただし，アルゴンは理想気体とする．
> (1) 運動が並進運動だけであるとすると，内部エネルギーはどのくらいか．
> (2) 同じ平衡状態を保ったまま，アルゴンの物質量を 1 mol から 2 mol にして体積を 48 L にすると，内部エネルギーは何倍になるか．
> (3) 温度が 585 K になると，内部エネルギーは何倍になるか．

解答 (1)：(2・4) 式で示したように，内部エネルギー U と温度 T には $U = (3/2)RT$ の関係がある．また，1 mol の理想気体には状態方程式 $PV = RT$ の関係がある．したがって，$U = (3/2)PV$ となるから，圧力を SI 単位系の Pa に，体積を m^3 に換算すれば，求める内部エネルギーは $U = (3/2) \times (1.013 \times 10^5) \times (24 \times 10^{-3}) = 3647$ J となる．つまり，3.647 kJ である．

解答 (2)：内部エネルギーは示量性変数だから，2 倍になる．

解答 (3)：理想気体の状態方程式より，もとのアルゴンの温度は $T = (1.013 \times 10^5 \times 24 \times 10^{-3})/8.314 = 292.5$ K となる．内部エネルギーは温度に比例するから，585.0/292.5 = 2.000 となる．つまり，2 倍になる．

> **例題 4** 根二乗平均速さについて，以下の問いに答えよ．ただし，水素分子 (H$_2$) および重水素分子 (D$_2$) のモル質量は 2 g mol^{-1} および 4 g mol^{-1} とする．
> (1) (2・5) 式の右辺の単位が速さであることを示せ．

(2) モル質量 M でなく，質量 m を使って (2・5) 式の右辺を表せ．
(3) 温度 300 K で，H_2 の根二乗平均速さを求めよ．
(4) 温度 600 K で，H_2 の根二乗平均速さを求めよ．
(5) 温度 300 K で，D_2 の根二乗平均速さを求めよ．

解答 (1)：気体定数 R の単位は $J\,K^{-1}\,mol^{-1}$，つまり，$kg\,m^2\,s^{-2}\,K^{-1}\,mol^{-1}$ である．また，モル質量の単位は $g\,mol^{-1}\,(=10^{-3}\,kg\,mol^{-1})$ である．したがって，右辺の単位は $(kg\,m^2\,s^{-2}\,K^{-1}\,mol^{-1}\,K/kg\,mol^{-1})^{1/2} = m\,s^{-1}$ となり，速さの単位であることがわかる．

解答 (2)：気体定数 R の代わりに，ボルツマン定数 k_B を使えばよいから，$\sqrt{\langle v^2 \rangle} = \sqrt{3RT/M} = \sqrt{3(R/N_A)T/(M/N_A)} = \sqrt{3k_BT/m}$ となる．

解答 (3)：水素 (H_2) のモル質量は $2.0 \times 10^{-3}\,kg\,mol^{-1}$ だから，(2・5) 式に代入すると，$\sqrt{\langle v^2 \rangle} = \sqrt{(3 \times 8.314 \times 300)/(2.0 \times 10^{-3})} = 1934\,m\,s^{-1}$ となる．

解答 (4)：根二乗平均速さは温度の平方根に比例するから，解答 (3) に $\sqrt{2}$ を掛け算すればよい．答えは $2735\,m\,s^{-1}$ となる．

解答 (5)：根二乗平均速さは質量の平方根に反比例するから，解答 (3) を $\sqrt{2}$ で割り算すればよい．答えは $1368\,m\,s^{-1}$ となる．

例題 5 エネルギー差が ΔE である二つの状態のボルツマン分布の粒子数の比 n_2/n_1 を，以下の条件で求めよ．
(1) 熱力学温度が 0 K (絶対零度) の平衡状態．
(2) 熱力学温度が無限大の平衡状態．
(3) エネルギー差が 1 J で，300 K の温度での平衡状態．
(4) エネルギー差が $1\,J\,mol^{-1}$ で，300 K の温度での平衡状態．

解答 (1)：(2・6) 式で $T = 0$ を代入すると，$n_2/n_1 = \exp(-\infty) = 0$ となり，エネルギーの高い状態に粒子はなく，すべての粒子はエネルギーの低い状態になる．

解答 (2)：(2・6) 式で $T = \infty$ を代入すると，$n_2/n_1 = \exp(0) = 1$ となり，エネルギーの高い状態の粒子数は低い状態の粒子数と同じになる．

解答 (3)：エネルギーの単位に注意して，(2・6) 式で $\Delta E = 1$ J, $T = 300$ K を代入すると，$n_2/n_1 = \exp\{-1.0/(1.381 \times 10^{-23} \times 300)\} \approx 0$ となる．つまり，エネルギーの高い状態に粒子はなく，ほとんどの粒子はエネルギーの低い状態になる．

解答 (4)：エネルギーの単位に注意して，(2・6) 式で $\Delta E = 1$ J mol^{-1}, $T = 300$ K を代入すると，$n_2/n_1 = \exp\{-1.0/(8.314 \times 300)\} \approx 1.0$ となる．つまり，エネルギーの高い状態の粒子数と低い状態の粒子数はほとんど同じになる．

例題 6 最も多くの粒子が分布する速さのことを最頻値という．速度分布について，以下の問いに答えよ．
(1) 1 次元空間での最頻値を求めよ．
(2) 3 次元空間での最頻値を求めよ．
(3) 3 次元空間での最頻値と根二乗平均速さ（平均値）の関係を求めよ．

解答 (1)：(2・8) 式は指数関数だから，$v_x = 0$ のときに最も大きな値となる．このことは図 2・2 (a) の最大値が $v_x = 0$ のときであることからもわかる．

解答 (2)：極大値を求めるために，(2・9) 式の右辺を運動の速さ v で微分して 0 とおき，係数を整理すると，$2v \exp\left(-\frac{1}{2} mv^2/k_B T\right) - v^2 \frac{1}{k_B T} mv \exp\left(-\frac{1}{2} mv^2/k_B T\right) = 0$ となる（関数の積の微分の公式を利用した）．ここで，$\exp\left(-\frac{1}{2} mv^2/k_B T\right)$ は 0 でないので消去して方程式を解くと，$v = 0$ または $\sqrt{2k_B T/m}$ となる．$v = 0$ は図 2・2 (b) からわかるように最小値であり，最頻値ではない．したがって，求める答えは $v = \sqrt{2k_B T/m}$ である．

解答 (3)：根二乗平均速さは例題 4 の解答 (2) より $\sqrt{3k_B T/m}$ だから，解答 (2) で求めた $\sqrt{2k_B T/m}$ の $\sqrt{3/2}$ 倍となる．

この章のまとめ

1. 体積，圧力と運動エネルギーとの関係は $\frac{1}{2} PV = N_A \left(\frac{1}{2} m \langle v_x^2 \rangle\right)$ である．

2. 温度と運動エネルギーとの関係は $\frac{1}{2} RT = N_A \left(\frac{1}{2} m \langle v_x^2 \rangle\right)$ である．

3. 運動の1自由度あたり，運動エネルギーは $\frac{1}{2}RT$ である．

4. 3次元空間では，$\frac{1}{2}RT = 3$ より，並進運動のエネルギーは $\frac{3}{2}RT$ である．

5. 気体の根二乗平均速さ（平均値）は $\sqrt{\langle v^2 \rangle} = \sqrt{\frac{3RT}{M}} = \sqrt{\frac{3k_\mathrm{B}T}{m}}$ で与えられる．M はモル質量，m は粒子1個の質量である．

6. エネルギー差が ΔE である二つの状態の粒子数の比は，ボルツマン分布の式 $\frac{n_2}{n_1} = \exp(-\Delta E/k_\mathrm{B}T)$ で表される．ただし，エネルギー差 ΔE の単位はJである．

7. 1 mol の物質量のボルツマン分布の式は $\frac{n_2}{n_1} = \exp(-\Delta E/RT)$ である．ただし，ΔE は1 mol あたりのエネルギー差であり，単位は J mol^{-1} である．

8. 1次元空間での速度分布は $n_2 = \sqrt{\frac{m}{2\pi k_\mathrm{B}T}} \exp\left(-\frac{1}{2}mv_x^2/k_\mathrm{B}T\right)$ で表される．

9. 3次元空間での速度分布は $n_2 = \left(\sqrt{\frac{m}{2\pi k_\mathrm{B}T}}\right)^3 4\pi v^2 \exp\left(-\frac{1}{2}mv^2/k_\mathrm{B}T\right)$ で表される．

10. 3次元空間の速度分布で，最も多くの粒子が分布する速さ（最頻値）は $\sqrt{\frac{2k_\mathrm{B}T}{m}}$ である．

演習問題

1. 圧力1 bar で，体積24 L の容器に入っている1 mol の ^{4}He の内部エネルギーを求めよ．ただし，理想気体とする．

2. 圧力1 bar で，体積24 L の容器に入っている1 mol の ^{3}He の内部エネルギーを求めよ．ただし，理想気体とする．

3. 温度300 K および600 K のヘリウム ^{4}He の根二乗平均速さを求めよ．ただし，

^{4}He のモル質量を $4\,\mathrm{g\,mol^{-1}}$ とする．

4. 温度 300 K のヘリウム ^{3}He の根二乗平均速さを求めよ．ただし，^{3}He のモル質量を $3\,\mathrm{g\,mol^{-1}}$ とする．
5. 温度 300 K のヘリウム ^{4}He が 3 次元空間で運動しているとき，最も多くのヘリウムが分布する速さ（最頻値）を求めよ．
6. エネルギー差が $1\times10^{-20}\,\mathrm{J}$ のとき，300 K でエネルギーの高い状態の粒子の数は低い状態の何倍か．
7. エネルギー差が $1\,\mathrm{kJ\,mol^{-1}}$ のとき，300 K でエネルギーの高い状態の粒子の数は低い状態の何倍か．
8. エネルギー差が $1\,\mathrm{kJ\,mol^{-1}}$ のとき，600 K でエネルギーの高い状態の粒子の数は低い状態の何倍か．

コラム ❷

寒暖計の赤い液体の高さが変わる理由

　どうして気温が変わると寒暖計の赤い液体の高さが変わるのだろうか．ガラス管の中の赤い液体はアルコールなどの物質であり，原子・分子などの粒子でできている．そして，赤い液体と大気との間で運動エネルギーがやりとりされ，熱平衡状態になっている．もしも，さらに気温が上がったとすると，大気から赤い液体にさらなる運動エネルギーが注入され，赤い液体を構成している粒子はより活発に運動するようになる．ガラス管の中の赤い液体の物質量が変わるわけではないが，同じ物質量の粒子がより活発に運動すれば，赤い液体の体積は増え，高さが高くなったように見える．もちろん，赤い液体の入れ物であるガラス管も，気温が上がると膨張して体積が増えるが，普通は固体の体積よりも液体の体積のほうが膨張率は大きい．何℃のときにどのくらいの高さになるか補正すればよい．（コラム 3 に続く）

第3章
いろいろな熱力学的過程

　物理学で有名な「エネルギーの保存則」は化学熱力学でも成り立つ．系が外界とやりとりする熱エネルギーと仕事エネルギーの総和は系の内部エネルギーの変化量に等しく，エネルギーが失われたり，新たに生まれたりすることはない．これを熱力学第一法則という．ある平衡状態から別の平衡状態に変化させるとき，圧力，体積，温度のいずれかを一定にして変化させる場合がある．それぞれを定圧過程，定容過程，等温過程という．また，熱エネルギーのやりとりをせずに変化させる場合を断熱過程という．

　気体が平衡状態にあると，体積，圧力，温度は変わらないし，内部エネルギーも変わらない．もしも，**外界**（対象としている気体のことを**系**，それ以外を外界という）との間で**熱エネルギー** Q や**仕事エネルギー** W をやりとりすると，気体は体積，圧力，温度，内部エネルギーが少しずつ変化して，新しい平衡状態になる．これらの状態量の**微小変化**を d で表し，二つの平衡状態の最終的な状態量の差（**変化量**）を Δ で表すことにすると，たとえば，体積の微小変化を積分すれば，体積の変化量になる．

$$\Delta V = \int_{V_1}^{V_2} \mathrm{d}V \qquad (3\cdot 1)$$

　気体が外界と熱エネルギーや仕事エネルギーをやりとりするとき，その合計は気体の**内部エネルギー**の変化量と一致する．これを**熱力学第一法則**という．

$$\Delta U = Q + W \qquad (3\cdot 2)$$

熱エネルギー Q や仕事エネルギー W のように，平衡状態を変化させる物理量を**経路関数**といい，その微小量を δ で表す．一方，内部エネルギーのような状

態量は，どのように平衡状態を変化させたかに依存せず，平衡状態での体積，圧力，温度などの状態量を変数とする関数なので，**状態関数**とよび，その微小量 d は δ と区別する．

系が外界とエネルギーのやりとりをするときに，一定の条件のもとでやりとりすることがある．圧力を一定にしたままで（$dP = 0$，したがって $\Delta P = 0$），外界と熱エネルギーのやりとりをすることを**定圧過程**という（**図 3・1 (a)**）．この場合には体積が変化するので，外界との仕事エネルギーのやりとりも考えなければならない．仕事エネルギーの微小量 δW は，一般に圧力 P に体積の微小変化 dV を掛け算したものである（第 2 章の (2・1) 式を参照）．

$$\delta W = -PdV \qquad (3・3)$$

負の符号をつけた理由は，体積変化が正になると（膨張すると），系が外界に対して仕事をしたことになり，系の仕事エネルギーが減って値が負になることを表すためである．

外界からもらった仕事エネルギーを求めるためには，(3・3) 式を積分して，

$$W = \int_{V_1}^{V_2} \delta W = -\int_{V_1}^{V_2} PdV \qquad (3・4)$$

となる．定圧過程では圧力は常に一定であるので，P を定数（$P = P_1 = P_2$）として積分の外に出し，最初の平衡状態 V_1 から最後の平衡状態 V_2 まで積分すると，$W = -P(V_2 - V_1) = -P\Delta V$ となる（**表 3・1**）．ただし，厳密なことをいうと，外界から熱エネルギーを与えると少しだけ気体の圧力が外界よりも

表 3・1 4 種類の熱力学的過程でのエネルギーの変化

熱力学的過程	条件	熱エネルギー微小量 (δQ)	仕事エネルギー微小量 (δW)	内部エネルギーの変化量 ($\Delta U = Q + W$)
定圧過程	$P_2 = P_1$	δQ	$-PdV$	$Q - P(V_2 - V_1)$
定容過程	$V_2 = V_1$	δQ	0	Q
等温過程	$T_2 = T_1$	δQ	$-(nRT/V)dV$	$Q - nRT\ln(V_2/V_1) = 0$
断熱過程[†]	$S_2 = S_1$	0	$-cV^{-\gamma}dV$	$\dfrac{P_2V_2 - P_1V_1}{\gamma - 1}$

[†] エントロピー S については第 8 章を参照．γ は理想気体（単原子分子）では 5/3．

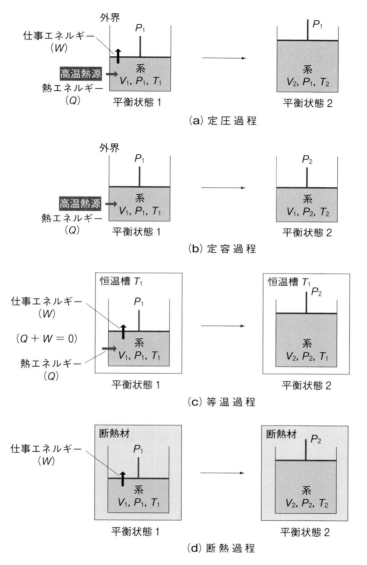

図 3・1 4 種類の熱力学的過程

大きくなり,それが原動力となって気体の体積が変わり,仕事をしてから,もとの圧力にもどる.しかし,気体の圧力が限りなく少しずつ変化したとすれ

ば，気体の圧力は一定であると考えてもよい．このような理想的な過程を**準静的過程**という．

一方，体積を一定にしたままで ($dV = 0$，したがって $\Delta V = 0$)，外界と熱エネルギーのやりとりをすることを**定容過程**という（**図 3・1 (b)**）．体積が変化しないのだから，この場合には外界との仕事エネルギーのやりとり W は 0 である．つまり，$\Delta U = Q$ である．また，温度を一定にしたままで ($dT = 0$，したがって $\Delta T = 0$) 外界と熱エネルギーのやりとりをすることを**等温過程**という（**図 3・1 (c)**）．等温過程では，圧力は体積の関数である．理想気体の場合，W は理想気体の状態方程式 $PV = nRT$ を (3・4) 式に代入して，

$$W = -\int_{V_1}^{V_2} \frac{nRT}{V} dV = -nRT \int_{V_1}^{V_2} \frac{1}{V} dV = -nRT(\ln V_2 - \ln V_1)$$
$$= -nRT \ln \frac{V_2}{V_1} \tag{3・5}$$

となる．等温過程では温度 T は定数（$T = T_1 = T_2$）なので積分の外に出した．また，対数の差は分数の対数になることを利用した．温度が変わらないということは内部エネルギーが変わらないということだから（(2・4) 式を参照），外界からもらった熱エネルギーをすべて仕事エネルギーとして使ってしまう必要がある．つまり，$\Delta U = 0$ であり，$Q = -W$ である．

系が外界と熱エネルギーをやりとりせずに ($\delta Q = 0$，したがって $Q = 0$)，仕事エネルギーのみをやりとりすることを**断熱過程**という（**図 3・1 (d)**）．つまり，$\Delta U = W$ である．系が膨張して外界に対して仕事をすると ($W < 0$)，内部エネルギーが少なくなるので系の温度は下がる．これを**断熱膨張**という．逆に外界から仕事をされて圧縮されると ($W > 0$)，内部エネルギーが増えるので系の温度が上がる．これを**断熱圧縮**という．断熱過程では体積，圧力だけでなく温度も変わるので，仕事エネルギーを (3・5) 式のようには計算できない．ただし，圧力と体積の間には**ポアソンの関係式** $PV^\gamma = c$（一定）が成り立つ（第 4 章の例題 4 を参照）．γ は定数（第 4 章で説明する定圧モル熱容量と定容モル熱容量の比 C_p/C_V）で，理想気体（単原子分子）では 5/3 である．ポアソ

ンの関係式を (3・4) 式に代入すると，仕事エネルギーは次のようになる．

$$W = -\int_{V_1}^{V_2} cV^{-\gamma} dV = -\frac{1}{1-\gamma}(cV_2^{1-\gamma} - cV_1^{1-\gamma}) = \frac{1}{\gamma-1}(P_2V_2 - P_1V_1)$$

(3・6)

例題 1 外界と熱エネルギーをやりとりして，理想気体（単原子分子）を準静的に平衡状態 (1.0 L, 1.0 atm, 300 K) から平衡状態 (1.0 L, 1.2 atm, T_A K) へ定容過程で変化させるときに，以下の問いに答えよ．
(1) 理想気体の状態方程式を使って，気体の物質量を求めよ．
(2) 変化させたあとの温度 T_A を求めよ．
(3) 系が外界に行う仕事エネルギー ($-W$) を求めよ．
(4) 系が外界からもらう熱エネルギーを Q として，内部エネルギーの変化量を求めよ．

解答 (1)：$V = 1.0$ L，$P = 1.0$ atm，$T = 300$ K を理想気体の状態方程式に代入すればよい．ただし，体積の単位は L，圧力の単位は atm なので，気体定数 R には 0.08206 atm L K^{-1} mol^{-1} を用いると，$1.0 \times 1.0 = n \times 0.08206 \times 300$ となる．物質量は $n = 1.0/(0.08206 \times 300) = 0.04062$ mol である．

解答 (2)：理想気体の状態方程式 $PV = nRT$ より，体積が一定のときには温度は圧力に比例するから，$T_A = 300 \times 1.2 = 360$ K となる．

解答 (3)：定容過程では系の体積が変わっていないので，系が外界に対して行う仕事エネルギーは 0 である．

解答 (4)：熱力学第一法則より，$\Delta U = Q + W$ である．仕事エネルギーが 0 だから，内部エネルギーの変化量は $\Delta U = Q$ となる．

例題 2 外界と熱エネルギーをやりとりして，理想気体（単原子分子）を準静的に平衡状態 (2.0 L, 1.0 atm, 300 K) から平衡状態 (2.4 L, 1.0 atm, T_B K) へ定圧過程で変化させるときに，以下の問いに答えよ．
(1) 気体の物質量を求めよ．
(2) 変化させたあとの温度 T_B を求めよ．

(3) 系が外界に行う仕事エネルギー（$-W$）を求めよ．
(4) 系が外界からもらう熱エネルギーを Q として，内部エネルギーの変化量を求めよ．

解答 (1)：例題 1 と同様に，$V = 2.0\,\text{L}$，$P = 1.0\,\text{atm}$，$T = 300\,\text{K}$ を理想気体の状態方程式に代入すると，物質量は $n = (1.0 \times 2.0)/(0.08206 \times 300) = 0.08124\,\text{mol}$ である．

解答 (2)：理想気体の状態方程式 $PV = nRT$ より，圧力が一定のときには温度は体積に比例するから，$T_B = 300 \times (2.4/2.0) = 360\,\text{K}$ となる．

解答 (3)：準静的な定圧過程では，圧力は定数とみなすことができるから，仕事エネルギーは圧力に体積変化を掛け算して $W = -P_1(V_2 - V_1)$ となる．ここではエネルギーを求めることが目的なので，圧力と体積を SI 単位系に変換する．1.0 atm は $1.013 \times 10^5\,\text{Pa}$ であり，1.0 L は $1.0 \times 10^{-3}\,\text{m}^3$ だから，$W = -(1.013 \times 10^5\,\text{Pa}) \times (2.4 - 2.0) \times 10^{-3}\,\text{m}^3 = -40.52\,\text{kg}\,\text{m}^2\,\text{s}^{-2} = -40.52\,\text{J}$ となる．系が外界に対して仕事をしたので，系の仕事エネルギーは 40.52 J 減少した．あるいは，理想気体の状態方程式より $PV = nRT$ だから，PV に nRT を代入すると，$W = -nR(T_2 - T_1) = -0.08124 \times 8.314 \times (360 - 300) = -40.52\,\text{J}$ となり，同じ結果が得られる．

解答 (4)：熱力学第一法則より，$\Delta U = Q + W$ である．仕事エネルギーが $-40.52\,\text{J}$ だから，内部エネルギーの変化量は $\Delta U = Q - 40.52\,\text{J}$ となる．外界からもらった熱エネルギーの一部を仕事エネルギーとして消費したことを意味する．

例題 3 外界と熱エネルギーをやりとりして，理想気体（単原子分子）を準静的に平衡状態（$3.0\,\text{L}, 1.0\,\text{atm}, 300\,\text{K}$）から平衡状態（$V_C\,\text{L}, 1.2\,\text{atm}, 300\,\text{K}$）へ等温過程で変化させるときに，以下の問いに答えよ．
(1) 気体の物質量を求めよ．
(2) 変化させたあとの体積 V_C を求めよ．
(3) 系が外界から行われる仕事エネルギー（W）を求めよ．
(4) 内部エネルギーの変化量を求めよ．
(5) 系が外界に放出した熱エネルギー（$-Q$）を求めよ．

解答 (1)：例題 1 と同様に，$V = 3.0\,\text{L}$，$P = 1.0\,\text{atm}$，$T = 300\,\text{K}$ を理想気体の状態方程式に代入すると，物質量は $n = (3.0 \times 1.0)/(0.08206 \times 300) = 0.1219\,\text{mol}$ となる．

解答 (2)：理想気体の状態方程式 $PV = nRT$ より，温度が一定のときには体積は圧力に反比例するから，$V_\text{C} = 3.0 \times (1.0/1.2) = 2.50\,\text{L}$ である．

解答 (3)：等温過程なので，(3・5) 式の結果を利用すると，$W = -nRT\ln(V_2/V_1) = -0.1219 \times 8.314 \times 300 \times \ln(2.5/3.0) = 55.43\,\text{J}$ となる．つまり，系は圧縮されて，外界から 55.43 J の仕事エネルギーをもらったことになる．

解答 (4)：温度が一定のときには内部エネルギーは変わらないから，$\Delta U = 0$．

解答 (5)：熱力学第一法則より，$\Delta U = Q + W$ である．等温過程では $\Delta U = 0$ だから，$Q = -W$ である．仕事エネルギーが $W = 55.43\,\text{J}$ だから，熱エネルギー Q は $-55.43\,\text{J}$ となる．つまり，系は外界に 55.43 J の熱エネルギーを放出した．

例題 4 理想気体（単原子分子）を準静的に平衡状態 $(1.0\,\text{L}, 2.0\,\text{atm}, 300\,\text{K})$ から平衡状態 $(V_\text{D}\,\text{L}, 1.2\,\text{atm}, T_\text{D}\,\text{K})$ へ断熱過程で変化させるときに，以下の問いに答えよ．
(1) 気体の物質量を求めよ．
(2) ポアソンの関係式を利用して，変化させたあとの体積 V_D を求めよ．
(3) 理想気体の状態方程式を利用して，変化させたあとの温度 T_D を求めよ．
(4) 系が外界に行う仕事エネルギー $(-W)$ を求めよ．
(5) 内部エネルギーの変化量を求めよ．

解答 (1)：例題 1 と同様に，$V = 1.0\,\text{L}$，$P = 2.0\,\text{atm}$，$T = 300\,\text{K}$ を理想気体の状態方程式に代入すると，物質量は $n = (1.0 \times 2.0)/(0.08206 \times 300) = 0.08124\,\text{mol}$ となる．

解答 (2)：単原子分子からなる理想気体の断熱過程では，ポアソンの関係式 $PV^{5/3} = c$（一定）が成り立つから，$2.0 \times 1.0^{5/3} = 1.2 \times V_\text{D}^{5/3}$ となる．両辺の対数をとって整理すると，$\ln(2.0/1.2) = (5/3) \times \ln V_\text{D}$ となるから，$V_\text{D} = 1.359\,\text{L}$ である．

解答 (3)：$P = 1.2\,\text{atm}$，解答 (2) より $V = 1.359\,\text{L}$，解答 (1) より $n = 0.08124$

mol を理想気体の状態方程式に代入すると，$1.2 \times 1.359 = 0.08124 \times 0.08206 \times T_D$ となる．この式より，$T_D = 244.6\,\text{K}$ が得られる．

解答 (4)：断熱過程では圧力は体積，温度の関数である．ただし，$PV^{5/3}$ は一定の値だから，圧力と体積の単位を SI 単位系に換算してから (3・6) 式に代入すると，$W = \dfrac{1}{(5/3)-1} \times (1.2 \times 1.359 - 2.0 \times 1.0) \times (1.013 \times 10^5) \times 10^{-3} = -56.10\,\text{J}$ となる．つまり，系は膨張して，外界に対して 56.10 J の仕事を行った．あるいは，理想気体の状態方程式 $PV = nRT$ を用いて，解答 (1) の物質量と解答 (3) の温度を使うと，$W = \dfrac{0.08124 \times 8.314}{(5/3)-1} \times (244.6 - 300) = -56.10\,\text{J}$ となり，同じ値が得られる．

解答 (5)：熱力学第一法則より，$\Delta U = Q + W$ である．断熱過程では $Q = 0$ だから，$\Delta U = W$ である．仕事エネルギーが $-56.10\,\text{J}$ だから，内部エネルギーの変化量は $\Delta U = -56.10\,\text{J}$ となる．つまり，系は外界に対して 56.10 J のエネルギーを放出した．

例題 5 理想気体（単原子分子）を準静的に平衡状態 ($2.0\,\text{L}, 1.0\,\text{atm}, 300\,\text{K}$) から途中の状態 ($V\,\text{L}, P\,\text{atm}, T\,\text{K}$) を経て，最後の平衡状態 ($1.0\,\text{L}, 2.0\,\text{atm}, 300\,\text{K}$) へ変化させるときに，以下の問いに答えよ．
(1) 定圧過程で途中の状態にして，その後に定容過程で変化させたときの仕事エネルギーを求めよ．
(2) 定容過程で途中の状態にして，その後に定圧過程で変化させたときの仕事エネルギーを求めよ．
(3) 最初から最後まで等温過程で変化させたときの仕事エネルギーを求めよ．

解答 (1)：定圧過程で ($2.0\,\text{L}, 1.0\,\text{atm}$) から途中の平衡状態 ($1.0\,\text{L}, 1.0\,\text{atm}$) にするときの仕事エネルギーは，$W = -(1.013 \times 10^5) \times (1.0 - 2.0) \times 10^{-3} = 101.3\,\text{J}$ である．また，定容過程で途中の平衡状態 ($1.0\,\text{L}, 1.0\,\text{atm}$) から最後の平衡状態 ($1.0\,\text{L}, 2.0\,\text{atm}$) にするときの仕事エネルギーは 0 である．したがって，仕事エネルギーの合計は 101.3 J となる．

解答 (2)：定容過程で ($2.0\,\text{L}, 1.0\,\text{atm}$) から途中の平衡状態 ($2.0\,\text{L}, 2.0\,\text{atm}$) にする

ときの仕事エネルギーは0である．また，定圧過程で $(2.0\,\mathrm{L}, 2.0\,\mathrm{atm})$ から最後の平衡状態 $(1.0\,\mathrm{L}, 2.0\,\mathrm{atm})$ にするときの仕事エネルギーは，$W = -2.0 \times (1.013 \times 10^5) \times (1.0 - 2.0) \times 10^{-3} = 202.7\,\mathrm{J}$ である．したがって，仕事エネルギーの合計は $202.7\,\mathrm{J}$ となる．

解答 (3)：等温過程で $(2.0\,\mathrm{L}, 1.0\,\mathrm{atm})$ から $(1.0\,\mathrm{L}, 2.0\,\mathrm{atm})$ にするとき，$PV = nRT$ の関係式より，PV は常に一定の値である．したがって，(3・5) 式を使うと，仕事エネルギーは $W = -nRT\ln(V_2/V_1) = -P_1 V_1 \ln(V_2/V_1) = -2.0 \times (1.013 \times 10^5) \times (1.0 \times 10^{-3}) \times \ln(1.0/2.0) = 140.4\,\mathrm{J}$ と計算できる．圧力の単位を Pa，体積の単位を m^3 に変換して計算した．なお，解答 (1) 〜 解答 (3) の結果から，最初の平衡状態と最後の平衡状態が同じでも，どのような過程で変化させるかによって，仕事エネルギーは異なることがわかる．

━━━━━━━━━━━ **この章のまとめ** ━━━━━━━━━━━

1. 系の内部エネルギーの変化量 ΔU は，外界から受け取った熱エネルギー Q と仕事エネルギー W の和に等しい（$\Delta U = Q + W$）．これを「熱力学第一法則」という．

2. 体積が変化しない状態変化（$\mathrm{d}V = 0$）を定容過程といい，仕事エネルギーは0である．

3. 定容過程では，内部エネルギーの変化量は受け取った熱エネルギー Q に等しい（$\Delta U = Q$）．

4. 圧力が変化しない状態変化（$\mathrm{d}P = 0$）を定圧過程といい，仕事エネルギーは $W = -P\Delta V$ である．

5. 限りなくゆっくりと状態を変える理想的な過程を準静的過程という．

6. 温度が変化しない状態変化（$\mathrm{d}T = 0$）を等温過程といい，仕事エネルギーは $W = -nRT\ln\dfrac{V_2}{V_1}$ である．

7. 等温過程では内部エネルギーは変化しない（$\Delta U = 0$）．

8. 外界から熱エネルギーを与えない状態変化（$\delta Q = 0$）を断熱過程といい，ポアソンの関係式 $PV^\gamma = c$（一定）が成り立つ．

9. 断熱過程では仕事エネルギーは $W = \dfrac{1}{\gamma - 1}(P_2V_2 - P_1V_1)$ である.

10. 仕事エネルギーはどのような熱力学的過程であるかに依存する量である．つまり，経路関数である．

演習問題

1. 1 mol の理想気体に外界から 3 kJ の熱エネルギーを与えたところ，系は 1 kJ の仕事をした．系の内部エネルギーの変化量を求めよ．

2. 1 mol の理想気体に外界から 3 kJ の熱エネルギーを与えたところ，圧力は 1 bar から変化したが，体積は 0.03 m^3 のまま変わらなかった．系が外界に行った仕事エネルギーと内部エネルギーの変化量を求めよ．

3. 1 mol の理想気体に外界から 5 kJ の熱エネルギーを与えたところ，体積は 0.03 m^3 から 0.06 m^3 に変化したが，圧力は 1 bar のまま変わらなかった．系が外界に行った仕事エネルギーと内部エネルギーの変化量を求めよ．

4. 1 mol の理想気体に外界から熱エネルギーを与えたところ，体積が 0.03 m^3 から 0.06 m^3 に変化したが，温度は 300 K のまま変わらなかった．系が外界に行った仕事エネルギーと内部エネルギーの変化量を求めよ．

5. 1 mol の理想気体に外界から 3 kJ の熱エネルギーを与えたところ，体積も圧力も変化したが，温度は 300 K のまま変わらなかった．系が外界に行った仕事エネルギーと内部エネルギーの変化量を求めよ．

6. 1 mol の理想気体を断熱膨張させたところ，圧力は 1 bar から 0.7 bar に，体積は 0.03000 m^3 から 0.03716 m^3 に変化した．系が外界に行った仕事エネルギーと内部エネルギーの変化量を求めよ．ただし，$\gamma = 5/3$ とする．

7. 1 mol の理想気体を断熱膨張させたところ，温度は 300 K から 200 K に変化した．系が外界に行った仕事エネルギーと内部エネルギーの変化量を求めよ．ただし，$\gamma = 5/3$ とする．

8. 1 mol の理想気体を断熱圧縮させたところ，温度は 300 K から 400 K に変化した．系が外界に行った仕事エネルギーと内部エネルギーの変化量を求めよ．ただし，$\gamma = 5/3$ とする．

コラム ❸

物質から物質へのエネルギー移動

　寒暖計の赤い液体は，どのようにして大気とエネルギーをやりとりするのだろうか．大気のエネルギーというのは，大気の構成成分である窒素，酸素，アルゴンなどの粒子の運動エネルギーのことである．これらの粒子は，まず寒暖計のガラス管と衝突して，エネルギーをやりとりする．ガラス管も原子・分子などの粒子でできていて，窒素，酸素，アルゴンから運動エネルギーを受け取り，分子内振動，分子間振動，格子振動などの運動エネルギー（第0章の例題2(4)）にする．そのガラス管に今度は赤い液体が衝突して，運動エネルギーをやりとりする．これらの運動エネルギーのやりとりは繰り返し行われ，大気とガラス管と赤い液体が熱平衡状態になり，同じ温度になる．こうして，寒暖計の赤い液体の高さを見ているだけで，ガラス管の温度，そして，大気の温度を間接的に知ることができる．(コラム4に続く)

第4章

熱容量と分子運動

　1 mol の物質の温度を 1 K 上げるために必要な熱エネルギーをモル熱容量という．気体の場合，定圧過程か定容過程かによってその値は変わり，定圧過程のほうがたくさんの熱エネルギーを必要とする．一部の熱エネルギーが仕事エネルギーとして使われてしまうからである．単原子分子の場合，すべての熱エネルギーが並進運動に使われ，定圧モル熱容量は $(3/2)R$ である．多原子分子の場合には一部の熱エネルギーが回転運動や振動運動に使われてしまうので，熱容量は大きくなる．

　外界から気体に熱エネルギーを与えると，気体の温度が変わる．温度を 1 K 上げるために必要な熱エネルギーが**熱容量** C である．逆にいえば，温度を ΔT だけ変化させるために必要な熱エネルギーは，$Q = C\Delta T$ である．ただし，この式が成り立つのは，熱容量の値がどの温度でも変わらないときのみである．もしも，熱容量が温度に依存するならば，最初の温度 T_1 から最後の温度 T_2 まで積分する必要があり，

$$Q = \int_{T_1}^{T_2} C dT \tag{4・1}$$

となる．つまり，熱エネルギーの微小量 $\delta Q = C dT$ を積分したと考えればよい．

　同じ気体でも，どのような熱力学的過程で熱エネルギーを与えるかによって熱容量の値は変わる．定圧過程での熱容量を**定圧熱容量**といい，C_p で表す．一方，定容過程での熱容量を**定容熱容量**といい，C_V で表す．また，熱容量は示量性変数であり，物質量に依存するので，「1 mol あたり」の熱容量を**モル熱容量**とよぶ．熱容量の単位はエネルギーを温度で割り算すればよいから，J

K^{-1} である.また,モル熱容量は $J K^{-1} mol^{-1}$ である.どのような過程でも,最初の温度 T_1 と最後の温度 T_2 が同じであれば,内部エネルギーの変化量は同じであり($\Delta U = \Delta U_p = \Delta U_V$),また,定容過程では仕事エネルギーが 0 だから,$\Delta U = Q_p + W = Q_V$ が成り立つ.この式は熱エネルギーを熱容量で書き直すことができて,$\Delta U = C_p \Delta T + W = C_V \Delta T$ となる.

 理想気体について C_p と C_V の関係を求めてみよう.第 2 章で説明したように,運動の 1 自由度あたり内部エネルギーは $(1/2)RT$ であり,3 次元空間での並進運動の自由度は x, y, z 方向の 3 なので,1 mol の理想気体(単原子分子)の内部エネルギーは $U = (3/2)RT$ で表される.定容過程で T_1 から T_2 まで温度を上げると,内部エネルギーの変化量は $\Delta U = (3/2)R(T_2 - T_1) = (3/2)R\Delta T = C_V \Delta T$ となる.したがって,定容モル熱容量は $C_V = (3/2)R$ である.一方,定圧過程での仕事エネルギーは $W = -P\Delta V$ だから,$\Delta U = Q_p - P\Delta V$ が成り立つ.内部エネルギーの変化量は定容過程と同じ $\Delta U = (3/2)R\Delta T$,また,1 mol の理想気体の状態方程式 $PV = RT$ から $P\Delta V = R\Delta T$ だから,$Q_p = \Delta U + P\Delta V = (3/2)R\Delta T + R\Delta T = (5/2)R\Delta T = C_p \Delta T$ となる.つまり,定圧モル熱容量は $C_p = (5/2)R$ である.結局,1 mol の理想気体については,$C_p = C_V + R$ が成り立つ.n mol の理想気体については,$C_p = C_V + nR$ が成り立つ.これを**マイヤーの関係式**という.

 多原子分子では,内部エネルギーとして,並進運動のほかに回転運動のエネルギーも考慮しなければならない(図 0・2 参照).外界から与えられた熱エネルギーが並進エネルギーだけでなく,回転運動のエネルギーにも使われるという意味である.二原子分子や直線分子は分子軸周りの回転運動がない(原子の位置が動かない)ので,回転運動の自由度は 2 であり(**図 4・1**),並進運動と回転運動をあわせると,運動エネルギーは $(5/2)RT$ となる.つまり,定容モル熱容量は $(5/2)R$ である.非直線分子では分子軸周りの回転運動も一つの運動なので,回転運動の自由度は 3 となり,運動エネルギーは $(6/2)RT$ となる.つまり,定容モル熱容量は $(6/2)R$ である.多原子分子でもマイヤーの関係式が成り立つので,定圧モル熱容量は定容モル熱容量に R を足し算すればよい.

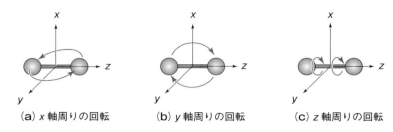

(a) x 軸周りの回転　　(b) y 軸周りの回転　　(c) z 軸周りの回転

図 4・1　二原子分子の回転運動（z 軸周りは回転運動ではない）

表 4・1　定容モル熱容量と定圧モル熱容量

	運動エネルギー	定容モル熱容量	定圧モル熱容量
単原子分子	$(3/2)RT$	$(3/2)R$	$(5/2)R$
直線分子	$(5/2)RT$	$(5/2)R$	$(7/2)R$
非直線分子	$(6/2)RT$	$(6/2)R$	$(8/2)R$

定容モル熱容量と定圧モル熱容量を表 4・1 にまとめた．

なお，これまでに考慮しなかった振動運動の中でも，重い原子が振動する変角振動などは小さいエネルギーでも振動でき，並進運動と回転運動と同様に熱容量に寄与する．与えられた熱エネルギーの一部が変角振動にも使われてしまうという意味である．一般に，振動運動の熱容量に対する寄与は温度が高くなるにつれて大きくなる．そこで，気体の熱容量を温度の級数として展開する

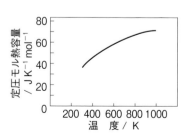

図 4・2　メタンの定圧モル熱容量の温度依存性

($C_p = a + bT + cT^2 + dT^3 + \cdots$). 簡単には温度の一次の関数(直線)で近似することができる．たとえば，メタンの定圧モル熱容量の場合には，$C_p = 20.3 + 0.0528\,T$ となる(図 **4・2**)．

例題 1 ヘリウムについて，以下の問いに答えよ．ただし，ヘリウムは理想気体とする．また，気体定数 R を $8.314\,\mathrm{J\,K^{-1}\,mol^{-1}}$ とする．
(**1**) 定容過程で $2\,\mathrm{mol}$ の温度を $30\,°\mathrm{C}$ から $40\,°\mathrm{C}$ に上げるために必要な熱エネルギーを求めよ．
(**2**) 定圧過程で $3\,\mathrm{mol}$ の温度を $30\,°\mathrm{C}$ から $100\,°\mathrm{C}$ に上げるために必要な熱エネルギーを求めよ．

解答(**1**)：単原子分子の定容モル熱容量は，$C_V = (3/2)R = (3/2) \times 8.314 = 12.47\,\mathrm{J\,K^{-1}\,mol^{-1}}$ である．したがって，$2\,\mathrm{mol}$ のヘリウムについて，定容過程で必要な熱エネルギーは $2 \times 12.47 \times (40 - 30) = 249.4\,\mathrm{J}$ である．

解答(**2**)：単原子分子の定圧モル熱容量は $C_p = (5/2)R = (5/2) \times 8.314 = 20.79\,\mathrm{J\,K^{-1}\,mol^{-1}}$ である．したがって，$3\,\mathrm{mol}$ のヘリウムについて，定圧過程で必要な熱エネルギーは $3 \times 20.79 \times (100 - 30) = 4366\,\mathrm{J} = 4.366\,\mathrm{kJ}$ である．

例題 2 圧力 $2.0\,\mathrm{atm}$，体積 $10.0\,\mathrm{L}$，温度 $300\,\mathrm{K}$ のアルゴンに熱エネルギーを与えて $310\,\mathrm{K}$ に変化させたとき，以下の問いに答えよ．ただし，アルゴンは理想気体とし，気体定数 R を $8.314\,\mathrm{J\,K^{-1}\,mol^{-1}}$ とする．
(**1**) アルゴンの定容モル熱容量と定圧モル熱容量の値を求めよ．
(**2**) 理想気体の状態方程式を使って物質量を求めよ．
(**3**) 定容過程で変化させたときに与えた熱エネルギーを求めよ．
(**4**) 定圧過程で変化させたときに与えた熱エネルギーを求めよ．
(**5**) 同じ実験をクリプトンで行うと，どうなるか．

解答(**1**)：アルゴンの定容モル熱容量は $C_V = (3/2)R = (3/2) \times 8.314 = 12.47\,\mathrm{J\,K^{-1}\,mol^{-1}}$，定圧モル熱容量は $C_p = (5/2)R = (5/2) \times 8.314 = 20.79\,\mathrm{J\,K^{-1}\,mol^{-1}}$ である．

解答 (2)：$PV = nRT$ より，$n = (2.0 \times 10.0)/(0.08206 \times 300) = 0.8124$ mol となる．ここでは，気体定数 R として $0.08206 \text{ atm L K}^{-1} \text{mol}^{-1}$ を使った．

解答 (3)：解答 (1) より，定容モル熱容量は $12.47 \text{ J K}^{-1} \text{mol}^{-1}$，解答 (2) より物質量は 0.8124 mol，温度変化は 10 K $(= 310 - 300)$ だから，熱エネルギーは $Q = 0.8124 \times 12.47 \times 10 = 101.3$ J となる．

解答 (4)：解答 (1) より，定圧モル熱容量は $20.79 \text{ J K}^{-1} \text{mol}^{-1}$，あとは解答 (3) と同様に考えれば，熱エネルギーは $Q = 0.8124 \times 20.79 \times 10 = 168.9$ J となる．

解答 (5)：単原子分子の熱容量は質量に依存しないので，結果は変わらない．

例題 3 温度 300 K の 3 mol の窒素に熱エネルギーを与えたとき，以下の問いに答えよ．ただし，気体定数 R を $8.314 \text{ J K}^{-1} \text{mol}^{-1}$ とする．
(1) 窒素を理想気体として，また，熱容量に対する振動の寄与を無視して，気体定数の値から定容モル熱容量と定圧モル熱容量の値を計算せよ．
(2) 定容過程で 330 K に変化させたときに与えた熱エネルギーを求めよ．
(3) 定圧過程で 3 kJ の熱エネルギーを与えたとすると，窒素の温度は何 K になるか．
(4) 振動のエネルギーを考慮すると，酸素の熱容量は窒素よりも大きいか．

解答 (1)：窒素は二原子分子であり，単原子分子とは異なり，並進運動の自由度 3 のほかに回転運動の自由度 2 も考慮する必要がある．つまり，運動の自由度は 5 だから，内部エネルギーは $(5/2)RT$ となる．したがって，定容モル熱容量は $C_V = (5/2)R = (5/2) \times 8.314 = 20.79 \text{ J K}^{-1} \text{mol}^{-1}$，定圧モル熱容量は $C_p = (7/2)R = (7/2) \times 8.314 = 29.10 \text{ J K}^{-1} \text{mol}^{-1}$ となる．

解答 (2)：物質量は 3 mol，温度変化は 30 K $(= 330 - 300)$，定容モル熱容量は $20.79 \text{ J K}^{-1} \text{mol}^{-1}$ だから，熱エネルギーは $Q = 3 \times 20.79 \times 30 = 1871$ J $= 1.871$ kJ となる．

解答 (3)：物質量は 3 mol，定圧モル熱容量は $29.10 \text{ J K}^{-1} \text{mol}^{-1}$，与えた熱エネルギーは 3000 J だから，温度変化は $\Delta T = 3000/(3 \times 29.10) = 34.36$ K である．したがって，温度は $T = 300 + 34.36 = 334.36$ K となる．

解答 (4)：酸素分子の化学結合は二重結合であり，窒素分子の三重結合よりも弱い．結合が弱いと振動数が低く，小さいエネルギーでも振動できる*．つまり，与えられた熱エネルギーの一部を振動エネルギーとして使ってしまう．その結果，酸素の振動運動は窒素の振動運動よりも熱容量に寄与する．したがって，酸素の熱容量は窒素よりも大きい．

例題 4 理想気体の断熱過程で成り立つポアソンの関係式 $PV^\gamma = c$（一定）を導きたい（第 3 章 30 ページ）．以下の問いに答えよ．ただし，準静的過程とする．
(1) 内部エネルギーの微小変化を熱容量と温度で表せ．
(2) 断熱過程で，内部エネルギーの微小変化を体積と圧力で表せ．
(3) 問題 (1) と (2) の結果と，理想気体の状態方程式を利用して，(V_1, P_1, T_1) から (V_2, P_2, T_2) まで積分して，C_V, V_1, T_1, V_2, T_2 の間の関係式を求めよ．
(4) マイヤーの関係式（$C_p - C_V = nR$）を利用して，(3) の結果を $\gamma = C_p/C_V$ で表せ．
(5) ポアソンの関係式を導け．

解答 (1)：内部エネルギーの変化量は $\Delta U = C_V \Delta T$ で表される．微小変化では $dU = C_V dT$ となる．Δ は差を表すが，d は微小であることを表す．

解答 (2)：断熱過程では熱エネルギーの微小量 δQ は 0 だから，$dU = \delta Q + \delta W = \delta W$ である．また，仕事エネルギーの微小量 δW は $\delta W = -PdV$ だから，$dU = -PdV$ となる．

解答 (3)：解答 (1) と解答 (2) より，$C_V dT = -PdV$ が成り立つ．この式に理想気体の状態方程式 $PV = nRT$ を代入して両辺を温度 T で割り算すると，$(C_V/T)dT = -(nR/V)dV$ が成り立つ．両辺を積分すれば，$C_V \ln(T_2/T_1) = -nR \ln(V_2/V_1) = nR \ln(V_1/V_2)$ という関係式が得られる．

解答 (4)：解答 (3) にマイヤーの関係式 $C_p = C_V + nR$ を代入すると，$C_V \ln(T_2/T_1) = (C_p - C_V) \ln(V_1/V_2)$ となる．両辺を C_V で割り算して，$\gamma = C_p/C_V$ で置き換えると，$\ln(T_2/T_1) = (\gamma - 1) \ln(V_1/V_2)$ が得られる．

---

* 分子の振動エネルギーについては，中田宗隆『量子化学 II －分光学理解のための 20 章－』（東京化学同人，2004）に詳しく書いてある．

解答 (5)：解答 (4) より，$T_2/T_1 = (V_1/V_2)^{\gamma-1}$ が得られる．理想気体の状態方程式，$P_1V_1 = nRT_1$ と $P_2V_2 = nRT_2$ を代入すると，$P_2V_2/P_1V_1 = (V_1/V_2)^{\gamma-1}$ となる．つまり，$P_2V_2(V_2)^{\gamma-1} = P_1V_1(V_1)^{\gamma-1}$ となり，ポアソンの関係式 $P_2V_2^{\gamma} = P_1V_1^{\gamma} = c$（一定）が得られる．

例題 5 温度 300 K の 2 mol のメタンに熱エネルギーを与えて，定圧過程で状態を変化させたとき，以下の問いに答えよ．ただし，メタンの定圧モル熱容量を $C_p = 20.3 + 0.0528\,T$ とする．

(1) 温度を 300 K から 350 K に変化させたときに与えた熱エネルギーを求めよ．
(2) 温度を 350 K から 400 K に変化させたときに与えた熱エネルギーを求めよ．
(3) 二酸化炭素の熱容量はメタンよりも大きいか，小さいか．

解答 (1)：与えた熱エネルギーを計算するためには，熱容量を温度で積分すればよい．物質量 2 mol で 300 K から 350 K までモル熱容量を積分すると，熱エネルギーは
$$Q = 2 \times \int_{300}^{350}(20.3 + 0.0528\,T)\,dT = 2 \times \{20.3 \times (350 - 300) + 0.0528 \times (1/2) \times (350^2 - 300^2)\} = 3746\text{ J}$$
となる．

解答 (2)：解答 (1) と同様に計算すればよい．$Q = 2 \times \int_{350}^{400}(20.3 + 0.0528\,T)\,dT = 2 \times \{20.3 \times (400 - 350) + 0.0528 \times (1/2) \times (400^2 - 350^2)\} = 4010\text{ J}$ となる．解答 (1) と比べるとわかるように，同じように温度を 50 K 上げるためであっても，温度が高いと熱容量が大きくなるので，必要な熱エネルギーも大きくなる．

解答 (3)：二酸化炭素は直線分子なので回転運動の自由度がメタンより少ない．しかし，二酸化炭素は重い原子（炭素と酸素）だけからできていて，変角振動の熱容量に対する寄与がメタン（炭素と水素）よりも大きい．実際に実験を行うと，二酸化炭素の熱容量のほうが少し大きい．

この章のまとめ

1. 物質の温度を 1 K 上げるための熱エネルギーを熱容量という（$C = Q/\Delta T$）．
2. 内部エネルギーの変化量は，定容熱容量を使って $\Delta U = C_V \Delta T$ と表される．

3. 内部エネルギーの変化量は，定圧熱容量を使って $\Delta U = C_p \Delta T + W$ と表される．

4. 定容過程と定圧過程で，同じ温度にするために必要な熱エネルギーは定圧過程のほうが大きい．つまり，$Q_V < Q_p$ である．

5. 理想気体では C_V と C_p の間にマイヤーの関係式 $(C_p = C_V + nR)$ が成り立つ．

6. 単原子分子の定容モル熱容量は $(3/2)R$，定圧モル熱容量は $(5/2)R$ である．

7. 直線分子の定容モル熱容量は $(5/2)R$，定圧モル熱容量は $(7/2)R$ である．

8. 非直線分子の定容モル熱容量は $(6/2)R$，定圧モル熱容量は $(8/2)R$ である．ただし，重い原子の変角振動がある場合には，一つの振動について $(1/2)R$ を考慮する必要がある．

9. 多原子分子の熱容量は温度に依存するが，直線 $C = a + bT$ で近似できる．

10. 多原子分子の加熱に必要な熱エネルギーは，熱容量を温度で積分すれば求められる．つまり，$Q = \int C dT$ である．

演 習 問 題

1. ヘリウムの定容モル熱容量と定圧モル熱容量を求めよ．ただし，理想気体として，気体定数 R の値を $8.314\,\mathrm{J\,K^{-1}\,mol^{-1}}$ とする．

2. 水素の定容モル熱容量と定圧モル熱容量を求めよ．ただし，理想気体として，振動運動の寄与は無視し，気体定数 R の値を $8.314\,\mathrm{J\,K^{-1}\,mol^{-1}}$ とする．

3. 2 mol のアンモニアの定容熱容量と定圧熱容量を求めよ．ただし，振動運動の寄与は無視し，気体定数 R の値を $8.314\,\mathrm{J\,K^{-1}\,mol^{-1}}$ とする．

4. 気体のヨウ素の定圧モル熱容量 $(37.0\,\mathrm{J\,K^{-1}\,mol^{-1}})$ が水素の定圧モル熱容量よりも大きい理由を述べよ．

5. 固体のヨウ素の定圧モル熱容量 $(254.0\,\mathrm{J\,K^{-1}\,mol^{-1}})$ が気体のヨウ素の定圧モル熱容量よりも大きい理由を述べよ．

6. 2 mol のヘリウムの温度を 300 K から 400 K に上げるときに，定容過程ではどのくらいの熱エネルギーが必要か，また，定圧過程ではどのくらいの熱エネルギー

が必要か．ただし，理想気体とする．
7. 300 K で 1 mol の水素分子に 3 kJ の熱エネルギーを与え，体積一定で温度を変化させたときに，温度は何 K になるか．ただし，理想気体とする．
8. 1 bar，2 mol のアンモニアの温度を 300 K から 600 K に上げるために必要な熱エネルギーを求めよ．ただし，アンモニアの定圧モル熱容量は温度 T に依存し，$C_p = 29.7 + 0.025\,T$ で表されるとする．

コラム ❹

太陽から放射されるエネルギー

物質と物質がエネルギーをやりとりする方法は主に二つある．一つは物質を構成する粒子と粒子が衝突する方法である．大気と寒暖計のガラス管，そして，赤い液体を構成する粒子が衝突してエネルギーのやりとりをする．もう一つの方法は，ある物質が電磁波を放射し，その電磁波をほかの物質が吸収する方法である．たとえば，太陽は核融合によってエネルギーを生み出す物質（水素の固体）である．その温度は約 6000 ℃ にもなっているといわれている．太陽で生み出されたエネルギーは電磁波となって，宇宙に放出される．赤外線，可視光線，紫外線，X 線，γ 線など，あらゆる電磁波が放射される．アインシュタインによれば，電磁波はエネルギーの粒のようなものである（光量子という）．物質が電磁波を吸収できれば，物質を構成する粒子の運動エネルギーが高くなり，温度も高くなる．（コラム 5 に続く）

第5章

熱エネルギーとエンタルピー

　ある平衡状態から別の平衡状態にするとき，定容過程では与えた熱エネルギーが内部エネルギーの変化量に等しい．一方，定圧過程では仕事エネルギーが関与するために，与えた熱エネルギーは内部エネルギーの変化量に等しくない．定圧過程で与えた熱エネルギーと等しくなる新しい状態関数を定義すると便利である．それがエンタルピーである．エンタルピーは $H = U + PV$ と定義される．エンタルピーは状態関数なので，どのような熱力学的過程でも，最初と最後の平衡状態が同じならば，その変化量は同じ値になる．

　体積が一定である定容過程では仕事をしないので，系が外界から受け取った熱エネルギー Q_V は内部エネルギーの増加量に等しい．つまり，$\Delta U = Q_V = C_V \Delta T$ である．一方，圧力が一定であるという定圧過程では，外界に対して仕事をするので，熱エネルギー Q_p は内部エネルギーの変化量と同じにはならない（$\Delta U - W = Q_p$）．定圧過程で，受け取る熱エネルギー Q_p が等しくなる状態量の変化量とは何だろうか．

　(3・4)式を使って説明したように，定圧過程では $W = -P\Delta V$ と置き換えることができる．そうすると，$Q_p = \Delta U + P\Delta V$ となる．右辺は状態量の変化量になっているので，新たな状態関数（状態量を表す関数で，状態量を変数とする）として，$H = U + PV$ を定義する．これを**エンタルピー**という．エンタルピーの微小変化量は，関数の積の微分の公式（$(f \cdot g)' = f' \cdot g + f \cdot g'$）を使って，$dH = dU + d(PV) = dU + PdV + VdP$ となる．逆に，ある平衡状態から別の平衡状態に変化するときのエンタルピーの変化量を求めるために

は，エンタルピーの微小変化を積分すればよいから，次のようになる．

$$\Delta H = \int dH = \Delta U + \int P dV + \int V dP \quad (5\cdot 1)$$

定圧過程（P 一定）では，$dP=0$ だから $\Delta H = \Delta U + P\Delta V$ となる．つまり，エンタルピーの変化量 ΔH は外界から受け取る熱エネルギー Q_p に一致する（**図 5・1 (a)**）．なお，図 5・1 では，外界との熱エネルギーのやりとりによって変化しない内部エネルギーも，U として一番下に書いてある．

定容過程（V 一定）では $dV=0$ だから，(5・1) 式は $\Delta H = \Delta U + V\Delta P$ となる．この場合にも理想気体の状態方程式 $PV=nRT$ から $(\Delta P)V = nR\Delta T$ だから，定圧過程の場合と同様に $\Delta H = (3/2)nR\Delta T + nR\Delta T = (5/2)nR\Delta T = C_p\Delta T$ となる（**図 5・1 (b)**）．内部エネルギーもエンタルピーも状態関数なので，平衡状態が変化する前と後の状態量が同じならば，定圧過程でも定容過程

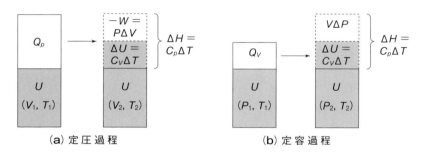

(a) 定圧過程　　　　　　　(b) 定容過程

図 5・1　熱エネルギーと内部エネルギー，エンタルピーの関係

表 5・1　4 種類の熱力学的過程でのエネルギーの変化

	経路関数		状態関数	
	熱エネルギー微小量 (δQ)	仕事エネルギー微小量 (δW)	内部エネルギーの変化量 ($\Delta U = Q + W$)	エンタルピーの変化量 ($\Delta H = \Delta U + \Delta(PV)$)
定圧過程	$C_p dT$	$-PdV$	$C_V(T_2 - T_1)$	$C_P(T_2 - T_1)$
定容過程	$C_V dT$	0		
等温過程	$(nRT/V)dV$	$-(nRT/V)dV$		
断熱過程	0	$-cV^{-\gamma}dV$		

でも同じ値になる．また，熱エネルギーは経路関数なので，定圧過程では Q_p は ΔH に等しく，定容過程では Q_V は ΔU に等しく，熱力学過程によって異なることもわかる．もちろん，内部エネルギーとエンタルピーは状態関数なので，断熱過程でも等温過程でも同じ値になる（例題4参照）．ただし，等温過程は変化する前と後の温度が同じ過程（$\Delta T = T_2 - T_1 = 0$）なので，$\Delta H = \Delta U = 0$ となる．四つの熱力学的過程での熱エネルギー，仕事エネルギー，内部エネルギーの変化量，エンタルピーの変化量を**表5・1**にまとめた．

> **例題1** 1 mol の理想気体（単原子分子）を圧力 1 bar のままで，体積を 20 L から 40 L に変化させるとき，以下の問いに答えよ．
> (1) 温度は何 K から何 K になったか．
> (2) 外界から与えられる熱エネルギー（Q）を求めよ．ただし，気体定数 R を 8.314 J K^{-1} mol^{-1} とする．
> (3) 外界に対して行う仕事エネルギー（$-W$）を求めよ．
> (4) 内部エネルギーの変化量を求めよ．
> (5) エンタルピーの変化量を求めよ．

解答 (1)：理想気体の状態方程式 $PV = nRT$ より，変化させる前の温度は $T = (1 \times 10^5) \times (20 \times 10^{-3})/(1 \times 8.314) = 240.6$ K，変化させた後の温度は $T = (1 \times 10^5) \times (40 \times 10^{-3})/(1 \times 8.314) = 481.1$ K となる．圧力が一定のとき，温度は体積に比例する．

解答 (2)：1 mol の単原子分子の内部エネルギーは $U = (3/2)RT$ で与えられる．したがって，定容モル熱容量は $(3/2)R$，定圧モル熱容量は $(5/2)R$ である．定圧過程で，温度を 240.6 K から 481.1 K にするために必要な熱エネルギーは $(5/2) \times 8.314 \times (481.1 - 240.6) = 5000$ J となる．

解答 (3)：定圧過程で外界に対して行う仕事エネルギーは，$-W = P\Delta V = (1 \times 10^5) \times (40 - 20) \times 10^{-3} = 2000$ J である．

解答 (4)：解答 (2) と解答 (3) より，内部エネルギーの変化量は $\Delta U = Q + W = 5000 - 2000 = 3000$ J となる．

解答 (5)：定圧過程でのエンタルピーの変化量は，$\Delta H = \Delta U + P\Delta V = 3000 + (1 \times 10^5) \times (40 - 20) \times 10^{-3} = 5000$ J となる．定圧過程では，エンタルピーの変化量は外界から与えられた熱エネルギーに等しい．

例題 2 2 mol の理想気体 (単原子分子) を体積 40 L のままで，圧力を 1 bar から 2 bar に変化させるとき，以下の問いに答えよ．
(1) 温度は何 K から何 K になったか．
(2) 外界から与えられる熱エネルギー (Q) を求めよ．ただし，気体定数 R を 8.314 J K^{-1} mol^{-1} とする．
(3) 外界に行う仕事エネルギー ($-W$) を求めよ．
(4) 内部エネルギーの変化量を求めよ．
(5) エンタルピーの変化量を求めよ．

解答 (1)：理想気体の状態方程式 $PV = nRT$ より，変化させる前の温度は $T = (1 \times 10^5) \times (40 \times 10^{-3})/(2 \times 8.314) = 240.6$ K，変化させた後の温度は $T = (2 \times 10^5) \times (40 \times 10^{-3})/(2 \times 8.314) = 481.1$ K となる．体積が一定のとき，温度は圧力に比例する．

解答 (2)：定容モル熱容量は $(3/2)R$ だから，温度を 240.6 K から 481.1 K にするために必要な熱エネルギーは，物質量 2 mol を考慮して，定容過程では $2 \times (3/2) \times 8.314 \times (481.1 - 240.6) = 6000$ J となる．

解答 (3)：体積が変化していないから仕事エネルギーは 0 である．

解答 (4)：解答 (2) と解答 (3) より，内部エネルギーの変化量は $\Delta U = 6000 + 0 = 6000$ J となる．

解答 (5)：定容過程でのエンタルピーの変化量は，$\Delta H = \Delta U + V\Delta P = 6000 + 40 \times 10^{-3} \times (2-1) \times 10^5 = 10000$ J となる．定容過程では，外界から与えられる熱エネルギーは内部エネルギーに等しいが，エンタルピーの変化量とは異なる．

例題 3 3 mol の理想気体 (二原子分子) を温度 300 K のままで，圧力を 1 bar から 0.8 bar に変化させるとき，以下の問いに答えよ．

(1) 体積は何 L から何 L になったか．
(2) 外界に対して行う仕事エネルギー $(-W)$ を求めよ．
(3) 外界から与えられる熱エネルギー (Q) を求めよ．
(4) 内部エネルギーの変化量を求めよ．
(5) エンタルピーの変化量を求めよ．

解答 (1)：理想気体の状態方程式 $PV = nRT$ より，変化させる前の体積は $V = 3 \times 8.314 \times 300/(1 \times 10^5) = 0.07483 \, \text{m}^3 = 74.83 \, \text{L}$，変化させた後の体積は $V = 3 \times 8.314 \times 300/(0.8 \times 10^5) = 0.09353 \, \text{m}^3 = 93.53 \, \text{L}$ となる．

解答 (2)：等温過程で外界に対して行う仕事エネルギーは，$-W = nRT \ln(V_2/V_1) = -3 \times 8.314 \times 300 \times \ln(0.09353/0.07483) = 1669 \, \text{J}$ となる．

解答 (3)：等温過程なので，内部エネルギーの変化量は $\Delta U = 0$ となる．したがって，熱エネルギーは $Q = \Delta U - W = 0 + 1669 = 1669 \, \text{J}$ となる．

解答 (4)：等温過程なので，内部エネルギーの変化量は $\Delta U = 0$ となる．

解答 (5)：等温過程でのエンタルピーの変化量は，$\Delta H = \Delta U + \Delta(PV) = \Delta U + R\Delta T = 0$ となる．

例題 4 断熱過程では内部エネルギーは仕事エネルギーに等しい．その式は表 3・1 で与えられている．以下の問いに答えよ．
(1) 内部エネルギーが定容過程や定圧過程と同じ $C_V(T_2 - T_1)$ であることを示せ．
(2) エンタルピーの変化量が定容過程や定圧過程と同じ $C_p(T_2 - T_1)$ であることを示せ．

解答 (1)：表 3・1 の式の分母，分子に C_V を掛け算し，マイヤーの関係式 $C_p = C_V + nR$ と理想気体の状態方程式 $PV = nRT$ を利用すると，$\Delta U = (P_2V_2 - P_1V_1)/(C_p/C_V - 1) = (P_2V_2 - P_1V_1)C_V/(C_p - C_V) = nR(T_2 - T_1)C_V/nR = C_V(T_2 - T_1)$ となる．

解答 (2)：エンタルピーの変化量は $\Delta H = \Delta U + \Delta(PV) = \Delta U + nR\Delta T$ である．解

答 (1) の結果を代入し,$C_p = C_V + nR$ を代入すれば,$\Delta H = C_V(T_2 - T_1) + nR(T_2 - T_1) = (C_V + nR)(T_2 - T_1) = C_p(T_2 - T_1)$ となる.あるいは,ポアソンの関係式 $PV^\gamma = c$(一定)を使って,PdV および VdP を別々に積分すると,それぞれ,$-C_V(T_2 - T_1)$ および $C_p(T_2 - T_1)$ が得られるので,$\Delta H = C_V(T_2 - T_1) - C_V(T_2 - T_1) + C_p(T_2 - T_1) = C_p(T_2 - T_1)$ となる.

=== この章のまとめ ===

1. エンタルピーは内部エネルギーに圧力変化や体積変化を考慮したエネルギーである.
2. エンタルピーは $H = U + PV$ で定義され,その微小変化量は $dH = dU + PdV + VdP$ となる.
3. 定圧過程でのエンタルピーの微小変化量は $dH = dU + PdV$ である.
4. 定容過程でのエンタルピーの微小変化量は $dH = dU + VdP$ である.
5. 定圧過程で与えられる熱エネルギー Q_p は,エンタルピーの変化量 ΔH に等しい.
6. 定容過程で与えられる熱エネルギー Q_V は,内部エネルギーの変化量 ΔU に等しい.
7. エンタルピーは状態関数であり,平衡状態が変化する前と後の状態量で決まる物理量である.
8. 熱容量が温度に依存しないとき,どの熱力学的過程でも,内部エネルギーの変化量は $\Delta U = C_V(T_2 - T_1)$ となる.
9. 熱容量が温度に依存しないとき,どの熱力学的過程でも,エンタルピーの変化量は $\Delta H = C_p(T_2 - T_1)$ となる.
10. 等温過程では $T_2 = T_1$ なので,$\Delta H = \Delta U = 0$ となる.

=== 演 習 問 題 ===

1. 定容過程で与えた熱エネルギーに等しい状態関数の変化量は何か.
2. 定圧過程で与えた熱エネルギーに等しい状態関数の変化量は何か.

3. 内部エネルギーの変化量が同じであるとき，定容過程と定圧過程では，どちらが多くの熱エネルギーを必要とするか．

4. エンタルピーの変化量が同じであるとき，定容過程と定圧過程では，どちらが多くの熱エネルギーを必要とするか．

5. 圧力 2 bar で，2 mol の理想気体（二原子分子）の体積を 20 L から 30 L に変化させた．外界から与えられた熱エネルギー，仕事エネルギー，系の内部エネルギーの変化量，エンタルピーの変化量を求めよ．

6. 体積 100 L で，5 mol の理想気体（二原子分子）の圧力を 1 bar から 4 bar に変化させた．外界から与えられた熱エネルギー，仕事エネルギー，系の内部エネルギーの変化量，エンタルピーの変化量を求めよ．

7. 温度 300 K で，1 mol の理想気体（二原子分子）の圧力を 1 bar から 0.5 bar に変化させた．外界から与えられた熱エネルギー，仕事エネルギー，系の内部エネルギーの変化量，エンタルピーの変化量を求めよ．

8. 1 bar で，3 mol の理想気体（二原子分子）の体積を 60 L から 20 L に断熱過程で変化させた．外界から与えられた熱エネルギー，仕事エネルギー，系の内部エネルギーの変化量，エンタルピーの変化量を求めよ．

コラム ❺

寒暖計は百葉箱の中に入れて気温を測る

どうして，寒暖計の液体が赤く見えるかというと，色素が赤い光以外の可視光線を吸収するからである．吸収されなかった赤い光は反射され，人間の目に入ると脳の中で信号処理がされて，人間は赤いと認識する．そうすると，赤い液体は赤い光以外の電磁波をエネルギーとして吸収するので，赤い液体を構成している粒子の運動エネルギーが増えることになる．つまり，赤い液体の温度が上がってしまう．これでは気温を正確に測ったことにはならない．そこで，寒暖計は百葉箱という木箱に入れられて，太陽が放射する電磁波を吸収しないように工夫されている．また，百葉箱の表面はペンキで白く塗られている．どうして，白く見えるかというと，白いペンキはすべての可視光線を反射するから白く見える．木箱に電磁波のエネルギーが注入されないようにして，気温を正確に測る必要がある．（コラム 6 に続く）

第6章

化学反応とエンタルピー

　化学反応が起こると，発熱したり，吸熱したりする．その原因は，反応が起こる前と後で，エンタルピーに差があるからである．エンタルピーが増加すれば外界から熱エネルギーを奪ったことになり，吸熱反応である．逆に，エンタルピーが減少すれば，発熱反応である．室温，標準状態で，最も安定な単体から化合物を生成するときのエンタルピーの変化量を**標準生成エンタルピー**という．標準生成エンタルピーがわかっていると，ヘスの法則からいろいろな化学反応の反応エンタルピーを計算できる．

　化学反応が起こるときに，系が外界と熱エネルギー（これを**反応熱**ともいう）をやりとりすることがある．熱エネルギーを外界に放出する反応を**発熱反応**，外界から奪う反応を**吸熱反応**という．普通，化学反応は**標準状態**（圧力が 1 bar）で考えるので，外界とやりとりする熱エネルギー Q_p は系のエンタルピーの変化量 ΔH に等しい（第5章を参照）．この場合の Δ は，これまでの四つの熱力学的過程での平衡状態の変化の前後の差のことではなく，反応する前の**反応物**と反応した後の**生成物**のエンタルピーの差のことである．反応が起こるとき，生成物と反応物のエンタルピーの差に相当する熱エネルギーが外界に放出されれば発熱反応，外界から吸収されれば吸熱反応となる．たとえば，標準状態で次のような化学反応を考えよう．

$$\text{反応物A} + \text{反応物B} \longrightarrow \text{生成物C} + \text{生成物D} \qquad (6\cdot1)$$

生成物CとDのエンタルピーの和から反応物AとBのエンタルピーの和を引き算した値が化学反応に伴うエンタルピーの変化量であり，これを**標準反応エ**

ンタルピーという．記号では $\Delta_r H^\ominus$ と書く．添え字の r は「反応」，つまり reaction の頭文字，右上の添え字の $\ominus$ は標準状態 (1 bar) を表す．エンタルピーは温度によって変わるので，たとえば，298 K での反応エンタルピー（「標準」という言葉を省略することが多い）は，$\Delta_r H^\ominus(298)$ とか，$\Delta_r H^\ominus_{298}$ と書いたりすることもある．ただし，エンタルピーは状態量なので，反応の途中で温度が変わっても，反応が終わったあとの温度が同じであれば，一定の値を示す．$\Delta_r H^\ominus(298)$ は途中の温度に関係なく，反応物と生成物の温度が 298 K であるときのエンタルピーの差を表す．

反応エンタルピーは，反応物 A や B，生成物 C や D などのエンタルピーがわかれば計算できる．しかし，化合物の内部エネルギーの絶対値が決められないように，化合物のエンタルピーの絶対値も決めることはできない．そこで基準として，標準状態 (1 bar)，室温 (298 K) で，最も安定な**単体**（1 種類の元素からできた化合物）のエンタルピーを基準の 0 と考える．そして，次のように，最も安定な単体から化合物を生成する反応を考える．

$$単体 X\ +\ 単体 Y\ \longrightarrow\ 1\,\text{mol}\,の化合物\,XY \qquad (6 \cdot 2)$$

単体のエンタルピーを 0 と定義したから，反応エンタルピーは生成物（化合物 XY）そのもののエンタルピーである．そこで，この反応エンタルピーのことを化合物 XY の**標準生成エンタルピー**という．化合物のエンタルピーの絶対値を決めることはできないが，標準生成エンタルピーを実験的に決めることはできる．さらに，標準生成エンタルピーを使えば，単体でなくても，ある化合物から別の化合物が生成する一般の反応のエンタルピーの変化量も計算できる．なお，標準生成エンタルピーの記号は $\Delta_f H^\ominus$ と書く．添え字の f は「生成」，つまり formation の頭文字である．

標準生成エンタルピーを定義するときに，どうして「最も安定な単体」と書いたかというと，単体には同素体など，いろいろな状態があり，化合物をどのような単体から生成するかによって，標準生成エンタルピーが変わってしまうからである．「最も安定な単体」と定義しておけば，化合物の標準生成エンタルピーは一定の値に決まり，反応エンタルピーも一定の値に決まる．なお，標

準生成エンタルピーは生成物の物質量が 1 mol で定義されているが，反応エンタルピーは物質量に依存し，1 mol とは限らないので注意が必要である．つまり，反応エンタルピーの単位は J で，標準生成エンタルピーの単位は J mol^{-1} である．

反応エンタルピーは状態量であり，加性則が成り立つ．これを**ヘスの法則**という．どういうことかというと，たとえば，次のような二つの反応を考える．

$$\text{化合物 A} + \text{化合物 B} \longrightarrow \text{化合物 C} \quad (6\cdot3)$$

$$\text{化合物 B} + \text{化合物 C} \longrightarrow \text{化合物 D} \quad (6\cdot4)$$

この場合，数式のように (6・3) 式と (6・4) 式を足し算して，化合物 C を矢印の両側から消去すると，次のようになる．

$$\text{化合物 A} + 2 \times \text{化合物 B} \longrightarrow \text{化合物 D} \quad (6\cdot5)$$

この場合の反応エンタルピーは，(6・3) 式の反応エンタルピーと (6・4) 式の反応エンタルピーを足し算した値となる．

例題 1 標準状態で，黒鉛（標準状態，室温で最も安定な炭素；グラファイトともよばれる）が酸化されるとき，以下の問いに答えよ．ただし，反応の前後の温度は室温とする．
(1) 1 mol の黒鉛が二酸化炭素になるときに，393.5 kJ の発熱があったとする．反応エンタルピーを求めよ．
(2) 二酸化炭素の標準生成エンタルピーを求めよ．
(3) 2 mol の黒鉛が一酸化炭素になるときに，221.1 kJ の発熱があったとする．反応エンタルピーと，一酸化炭素の標準生成エンタルピーを求めよ．
(4) 2 mol の一酸化炭素が二酸化炭素になったとする．反応エンタルピーを求めよ．この反応は発熱反応か，吸熱反応か．

解答 (1)：発熱反応なので，生成物のエンタルピーのほうが低い．したがって，反応エンタルピーは負となり，$\Delta_r H^\ominus = -393.5$ kJ と書ける．

解答 (2)：問題 (1) は室温，標準状態で，最も安定な単体である黒鉛と酸素から 1 mol の二酸化炭素を生成する反応でもあるから，反応エンタルピーがそのまま二

酸化炭素の標準生成エンタルピーとなる．つまり，$\Delta_f H^{\ominus} = -393.5\,\mathrm{kJ\,mol^{-1}}$ である．

解答 (3)：反応式は $2\mathrm{C} + \mathrm{O}_2 \rightarrow 2\mathrm{CO}$ $\Delta_r H^{\ominus} = -221.1\,\mathrm{kJ}$ と書ける．したがって，この反応の反応エンタルピーは $-221.1\,\mathrm{kJ}$ である．標準生成エンタルピーは 1 mol あたりで定義されるから，一酸化炭素の標準生成エンタルピーは $\Delta_f H^{\ominus} = -221.1/2 = -110.6\,\mathrm{kJ\,mol^{-1}}$ となる．

解答 (4)：$\mathrm{C} + \mathrm{O}_2 \rightarrow \mathrm{CO}_2$ $\Delta_r H^{\ominus} = -393.5\,\mathrm{kJ}$ を 2 倍すると，$2\mathrm{C} + 2\mathrm{O}_2 \rightarrow 2\mathrm{CO}_2$ $\Delta_r H^{\ominus} = -393.5 \times 2 = -787\,\mathrm{kJ}$ となる．この式から解答 (3) の $2\mathrm{C} + \mathrm{O}_2 \rightarrow 2\mathrm{CO}$ $\Delta_r H^{\ominus} = -221.1\,\mathrm{kJ}$ を引き算して炭素を消去し，一酸化炭素を矢印の左に移すと，$2\mathrm{CO} + \mathrm{O}_2 \rightarrow 2\mathrm{CO}_2$ $\Delta_r H^{\ominus} = -787 - (-221) = -566\,\mathrm{kJ}$ となる．反応エンタルピーが負だから，発熱反応である．

例題 2 標準状態で，1 mol のアセチレンに水素を付加してエチレンを合成し，さらにエチレンに水素を付加してエタンにしたとする．以下の問いに答えよ．
ただし，アセチレン，エチレン，エタンの標準生成エンタルピーをそれぞれ 226.7，52.5，$-83.8\,\mathrm{kJ\,mol^{-1}}$ とする．
(1) アセチレンからエチレンを合成するときの反応エンタルピーを求めよ．また，この反応は発熱反応か，吸熱反応か．
(2) エチレンからエタンを合成するときの反応エンタルピーを求めよ．また，この反応は発熱反応か，吸熱反応か．
(3) アセチレンからエタンを合成するときの反応エンタルピーを求めよ．また，この反応は発熱反応か，吸熱反応か．

解答 (1)：化学反応式は $\mathrm{CH}\equiv\mathrm{CH} + \mathrm{H}_2 \rightarrow \mathrm{CH}_2=\mathrm{CH}_2$ となる．H_2 は標準状態，室温で最も安定な単体だから，その標準生成エンタルピーは 0 である．したがって，反応エンタルピーはエチレンの標準生成エンタルピーからアセチレンの標準生成エンタルピーを引き算すればよい．$\Delta_r H^{\ominus} = 52.5 - 226.7 = -174.2\,\mathrm{kJ}$ となる．反応エンタルピーが負の値だから発熱反応である．

解答 (2)：化学反応式は $\mathrm{CH}_2=\mathrm{CH}_2 + \mathrm{H}_2 \rightarrow \mathrm{CH}_3-\mathrm{CH}_3$ となる．したがって，反応エンタルピーはエタンの標準生成エンタルピーからエチレンの標準生成エンタル

ピーを引き算すればよい．$\Delta_r H^\ominus = -83.8 - 52.5 = -136.3\,\mathrm{kJ}$ となる．反応エンタルピーが負の値だから発熱反応である．

解答(3)：化学反応式は $\mathrm{CH \equiv CH + 2H_2 \rightarrow CH_3-CH_3}$ となる．したがって，反応エンタルピーはエタンの標準生成エンタルピーからアセチレンの標準生成エンタルピーを引き算すればよい．$\Delta_r H^\ominus = -83.8 - 226.7 = -310.5\,\mathrm{kJ}$ となる．あるいは，解答(1)と解答(2)の値を足し算しても同じ値になる．反応エンタルピーが負の値だから発熱反応である．

例題3 標準状態で，完全に燃焼するときの反応エンタルピーについて，以下の問いに答えよ．

(1) $\mathrm{CO_2}$ の標準生成エンタルピーは $-393.5\,\mathrm{kJ\,mol^{-1}}$ である．1 mol の黒鉛を室温で完全に燃焼するときの反応エンタルピーを求めよ．

(2) 1 mol の水素を室温で完全に燃焼するときの反応エンタルピーは $-285.8\,\mathrm{kJ}$ であり，水蒸気の標準生成エンタルピー $-241.83\,\mathrm{kJ\,mol^{-1}}$ とは異なる．その理由を説明せよ．

(3) 1 mol のプロパン（$\mathrm{C_3H_8}$）を室温で完全に燃焼するときの反応エンタルピーを $-2220\,\mathrm{kJ}$ とすると，プロパンの標準生成エンタルピーを求めよ．

解答(1)：黒鉛の完全燃焼の化学反応式は $\mathrm{C + O_2 \rightarrow CO_2}$ だから，反応エンタルピーは $\mathrm{CO_2}$ の標準生成エンタルピーに等しい．したがって，$\Delta_r H^\ominus = -393.5\,\mathrm{kJ}$ である．

解答(2)：1 mol の水素の完全燃焼の化学反応式は $\mathrm{H_2 + (1/2)O_2 \rightarrow H_2O}$ である．しかし，$\mathrm{H_2O}$ は標準状態，室温で液体の水であり，気体（水蒸気）の標準生成エンタルピーの値とは異なる．つまり，同じ化合物でも気体か液体か固体か，相によって標準生成エンタルピーの値は異なる．標準状態で，1 mol の水が水蒸気になるためには，$-241.83 - (-285.8) = 44.0\,\mathrm{kJ}$ のエネルギーが必要という意味である．これについては第7章で詳しく説明する．

解答(3)：解答(1)と(2)より，

$$\mathrm{C + O_2 \longrightarrow CO_2} \qquad \Delta_r H^\ominus = -393.5\,\mathrm{kJ} \qquad (6\cdot 6)$$

$$\mathrm{H_2 + (1/2)O_2 \longrightarrow H_2O} \qquad \Delta_r H^\ominus = -285.8\,\mathrm{kJ} \qquad (6\cdot 7)$$

である．プロパンの分子式は C_3H_8 だから，$3 \times (6 \cdot 6)$ 式 $+ 4 \times (6 \cdot 7)$ 式 をつくると，

$$3C + 4H_2 + 5O_2 \longrightarrow 3CO_2 + 4H_2O$$
$$\Delta_r H^\ominus = 3 \times (-393.5) + 4 \times (-285.8) = -2324 \text{ kJ} \qquad (6 \cdot 8)$$

となる．また，プロパンを完全に燃焼すると，

$$C_3H_8 + 5O_2 \longrightarrow 3CO_2 + 4H_2O \quad \Delta_r H^\ominus = -2220 \text{ kJ} \qquad (6 \cdot 9)$$

である．$(6 \cdot 8)$ 式から $(6 \cdot 9)$ 式を引き算して，プロパンを矢印の右にもってくると，

$$3C + 4H_2 \longrightarrow C_3H_8 \quad \Delta_r H^\ominus = -2324 - (-2220) = -104 \text{ kJ} \qquad (6 \cdot 10)$$

となる．したがって，プロパンの標準生成エンタルピーは -104 kJ mol^{-1} である．

例題 4 温度 328 K，標準状態で，水素と塩素が反応して，塩化水素が生成するときの反応エンタルピーを求めるとする．以下の問いに答えよ．ただし，塩化水素の 298 K での標準生成エンタルピーは $-92.31 \text{ kJ mol}^{-1}$，また，水素，塩素，塩化水素の定圧モル熱容量はそれぞれ 29.0，34.0，29.0 $\text{J K}^{-1} \text{mol}^{-1}$ で，温度に依存しないとする．

(1) 温度 298 K，標準状態で，水素と塩素から塩化水素 1 mol を生成するときの反応エンタルピーを求めよ．

(2) 1 mol の水素，塩素，塩化水素の温度を 298 K から 328 K に変化させるときのそれぞれのエンタルピーの変化量を求めよ．

(3) 温度 328 K，標準状態で，水素と塩素から塩化水素 1 mol を生成するときの反応エンタルピーを求めよ．

解答 (1)：化学反応式は $(1/2)H_2 + (1/2)Cl_2 \rightarrow HCl$ と書ける．水素も塩素も標準状態，室温で最も安定な単体だから，塩化水素の標準生成エンタルピーそのものが反応エンタルピーとなる．したがって，$\Delta_r H^\ominus = -92.31 \text{ kJ}$ である．

解答 (2)：熱容量を温度で積分すれば，エンタルピーの変化量を求めることができる．熱容量が温度に依存しない場合には，熱容量に温度差を掛け算すればよい．したがって，水素は $\Delta H = 29.0 \times (328 - 298) = 870 \text{ J}$，塩素は $\Delta H = 34.0 \times (328 - 298) = 1020 \text{ J}$ となる．塩化水素の熱容量は水素と同じなので，$\Delta H = 870 \text{ J}$ となる．

解答 (3)：328 K での反応エンタルピーを $\Delta_rH^\ominus(328)$ とすると，エンタルピーは状態量だから，最初に水素と塩素を 328 K に加熱してから反応させても，298 K で反応させてから生成物の塩化水素を 328 K に加熱しても，エンタルピーの変化量は変わらない．したがって，**図 6・1** より，$(1/2) \times (870 + 1020) + \Delta_rH^\ominus(328) = -92310 + 870$ という式が成り立つ．係数の 1/2 は解答 (1) で示したように，1/2 mol ずつの水素と塩素が反応しているからである．結局，328 K での反応エンタルピーは $\Delta_rH^\ominus(328) = -92385$ J $= -92.39$ kJ である．

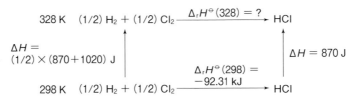

図 6・1 328 K での反応エンタルピーの求め方

この章のまとめ

1. 生成物のエンタルピーから反応物のエンタルピーを引き算した値を反応エンタルピーという．
2. 反応エンタルピーは反応熱に等しく，示量性変数であり，物質量に依存する．
3. 反応エンタルピーが負（系のエネルギーが減る）の反応は発熱反応である．
4. 反応エンタルピーが正（系のエネルギーが増える）の反応は吸熱反応である．
5. 標準状態（1 bar）での反応エンタルピーを標準反応エンタルピーといい，記号では $\Delta_rH^\ominus$ と書き（「標準」という言葉は省略されることが多い），単位は J である．
6. 標準状態（1 bar），室温（298 K）で最も安定な単体（1 種類の元素からなる化合物）から 1 mol の化合物を生成するときの反応エンタルピーを標準生成

エンタルピーといい，記号では $\Delta_f H^\ominus$ と書き，単位は $J\,mol^{-1}$ である．

7. 標準状態（1 bar），室温（298 K）で最も安定な単体の標準生成エンタルピーは 0 である．
8. 反応エンタルピーは生成物の標準生成エンタルピーから反応物の標準生成エンタルピーを引き算して求めることができる．
9. 反応エンタルピーには異なる化学反応の間で加性則が成り立ち，これをヘスの法則という．
10. 室温以外の温度での反応エンタルピーは，室温での反応エンタルピーと，温度変化による反応物，生成物のエンタルピーの変化量から，ヘスの法則を使って求めることができる．

演習問題

1. 炭素の同素体にはダイヤモンドと黒鉛がある．ダイヤモンドの標準生成エンタルピーは黒鉛よりも大きいか，小さいか．
2. NO_2 の標準生成エンタルピーは $33.18\,kJ\,mol^{-1}$ である．標準生成エンタルピーを示す反応式を書け．
3. 1 mol の窒素を完全に燃焼させるときの反応エンタルピーを示す反応式を書け．問題 2 との違いを考慮し，反応エンタルピーを求めよ．
4. 標準状態，室温で，塩化水素が反応して 1 mol の水素と 1 mol の塩素になったとする．反応エンタルピーを求めよ．ただし，塩化水素の標準生成エンタルピーを $-92.31\,kJ\,mol^{-1}$ とする．この反応は発熱反応か，吸熱反応か．
5. 塩化水素，エチレンおよびクロロエタンの標準生成エンタルピーは $-92.31\,kJ\,mol^{-1}$，$52.47\,kJ\,mol^{-1}$ および $-112.1\,kJ\,mol^{-1}$ である．塩化水素がエチレンに付加して，1 mol のクロロエタンが生成するときの反応エンタルピーを求めよ．また，この反応は発熱反応か，吸熱反応か．
6. 1 mol の黒鉛および 1 mol の水素が完全に燃焼するときの反応エンタルピーは，$-393.5\,kJ$ および $-285.8\,kJ$ である．以下の問いに答えよ．
   (a) 1 mol のアンモニアを燃焼したら，窒素と水が生成して，そのときの反応エンタルピーは $-383\,kJ$ である．アンモニアの標準生成エンタルピーを求めよ．

(b) 1 mol のアセチレンが完全に燃焼するときの反応エンタルピーは -1300 kJ である．アセチレンの標準生成エンタルピーを求めよ．

(c) メタンの標準生成エンタルピーは -74.81 kJ mol^{-1} である．1 mol のメタンが完全に燃焼するときの反応エンタルピーを求めよ．

(d) シアン化水素の標準生成エンタルピーは 132 kJ mol^{-1} である．1 mol のシアン化水素が燃焼して水と窒素と二酸化炭素になったとして，反応エンタルピーを求めよ．

7. 一酸化窒素および二酸化窒素の標準生成エンタルピーは 90.25 kJ mol^{-1} および 33.18 kJ mol^{-1} である．1 mol の一酸化窒素が完全に燃焼するときの反応エンタルピーを求めよ．この反応は発熱反応か，吸熱反応か．

8. 温度 400 K，標準状態 (1 bar) で，水素と窒素が反応して，1 mol のアンモニアが生成するときの反応エンタルピーを求めよ．ただし，アンモニアの 300 K での標準生成エンタルピーは -46.0 kJ mol^{-1}，また，水素と窒素の定圧モル熱容量は 29.0 J K^{-1} mol^{-1} で温度に依存せず，一方，アンモニアの定圧モル熱容量は温度 T に依存して，$C_p = 29.7 + 0.025 T$ で表されるとする．

コラム ❻

百葉箱は地表から離して設置する

　滞留している大気の温度を測っても，正確に気温を測ったことにはならない．そこで，大気が滞留しないように，百葉箱には多くの隙間があけられている．また，百葉箱は地表から 1.2〜1.5 メートルの高さに設置することが決まっている．地表のエネルギーの影響を受けないためである．地表は太陽から放射される電磁波を容易に吸収することができる．電磁波を吸収すれば，地表のエネルギーが増えたことになる．たとえば，晴れた日と曇った日では地表の温度は変わる．夏の強い日差しが照りつければ，地表の温度は 50℃ を超えることもある．地表の温度が変われば，地表の近くの大気は影響を受けて温度が変わる．大気を構成している窒素や酸素が地表と衝突して，地表からエネルギーをもらうからである．地表の温度の影響を受けない大気の温度を正確に測るために，百葉箱を地表から離す．（コラム 7 に続く）

第7章

相転移と転移エンタルピー

　物質には固相，液相，気相がある．外界から熱エネルギーを与えれば相が変わる．相が変われば物質のエンタルピーが変化する．固相から液相に変化するときのエンタルピーの変化量を融解エンタルピー，液相から気相に変化するときのエンタルピーの変化量を蒸発エンタルピーという．結晶形の変化にともなうエンタルピーの変化量も含めて，相が変化するときのエンタルピーの変化量を転移エンタルピーという．化学反応で相が変化する場合には，転移エンタルピーも考慮する必要がある．

　固体の氷に熱エネルギーを与えると液体の水になる．さらに熱エネルギーを与えると気体の水蒸気になる．水以外の物質でも，熱エネルギーを与え続けると，普通は固体から液体，そして液体から気体になる．それぞれを**固相**，**液相**，**気相**といい，相が変わることを**相転移**という（**図7・1**）．熱エネルギーだけでなく，仕事エネルギーを与えても相転移は起こる．

　体積，圧力，温度の三つの状態量のうちの二つを変数にとって，相がどのように変化するかを示したものが**相図**（**状態図**ともいう）である．圧力を縦軸に，温度を横軸にとって，水の相図を**図7・2**に示す．大気圧付近の様子と高圧の場合を並べて示した．固相と液相との境目で圧力と温度の関係を表す線を**融解曲線**，液相と気相との境目で圧力と温度の関係を表す線を**蒸気圧曲線**という．また，固相と気相との境目で圧力と温度の関係を表す線を**昇華圧曲線**という．三つの曲線が集まったA点を**三重点**という．

図7・1　物質の相転移

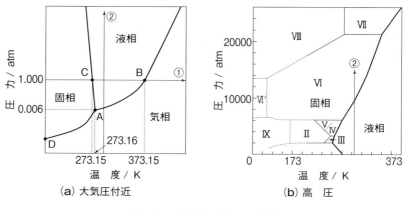

図7・2 水の相図（圧力－温度）

高圧の場合には固体の氷がさらに10ぐらいの領域に分割されている．これは同じ氷でも結晶形が異なることを意味している．ある結晶形の氷が別の結晶形に変化するときも相転移という．

　たとえば，1 atmの圧力を保ったまま固体の氷に熱エネルギーを与えると，次第に温度が上がる．相図でいえば，①の直線で左から右に変化させたことになる．最初は固体の氷であるが，融解曲線と交わる温度，つまり，0℃（273.15 K）で融け始め，氷と水が共存する．これを**相平衡**といい，この温度を**融点**という．さらに熱エネルギーを与えると，すべての氷は融けて液体の水になる．さらに熱エネルギーを与えると，やがて蒸気圧曲線と交わる．この温度，つまり，100℃（373.15 K）で蒸発し始め，水と水蒸気が共存する．この温度を**沸点**という．さらに熱エネルギーを与えると，すべての水は蒸発して水蒸気となる．

　相が変化するときのエンタルピーの変化量を総称して**転移エンタルピー**といい，とくに，融点で固体をすべて液体にするときのエンタルピーの変化量を**融解エンタルピー**という．物質は外界から熱エネルギーが与えられると融解するので，融解エンタルピーは正の値となる（**図7・3**）．また，沸点で液体をすべて気体にするときのエンタルピーの変化量を**蒸発エンタルピー**という．蒸発エ

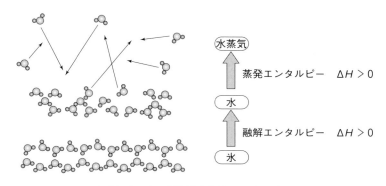

図 7・3 水の相転移と転移エンタルピー

ンタルピーも正の値である．固体の氷は**水素結合**で強く結合した結晶であり，液体の水は氷ほどではないが，やはり，水素結合をしているのでゆらいでいる．水蒸気になれば水素結合はしていない．水素結合を切るためにはエネルギーが必要であり，固体よりも液体，液体よりも気体のほうがエンタルピーは大きい．

今度は 300 K の温度を保ったまま，気体の水蒸気を圧縮して圧力を上げてみよう．相図でいえば，②の直線で下から上に変化させたことになる．最初は気体であるが，蒸気圧曲線と交わる圧力で液化し始め，水蒸気と水が共存する．さらに圧縮を続けると，すべての水蒸気は水になる．水の融解曲線は左上の方向に傾いている（普通の物質は右上に傾いている）ので，さらに圧縮を続けても融解曲線と交わりそうもないが，さらに高圧にすれば（図 7・2(b)），やがて，融解曲線と交わり，水と氷が共存する．

例題 1 物質の沸点，融点について以下の問いに答えよ．
(1) メタン，エタン，プロパン，ブタンを沸点の低い順番に並べ，その理由を答えよ．
(2) メタン，アンモニア，水を融点の低い順番に並べ，その理由を答えよ．
(3) 塩素，塩化ナトリウム，ナトリウムを融点の低い順番に並べ，その理由を答えよ．

解答 (1)：沸点とは液体が気体に変わるときの温度のことである．液体は分子と分子が相互作用をしながら運動している状態であり，気体は分子が自由に運動している状態である．沸点とは分子間力を切る温度と考えてよいから，分子間力が弱ければ沸点は低くなる．また，分子間力は分子内の電気的な偏りが大きいほど強く，偏りが小さいほど弱い．飽和炭化水素のように電気的な偏りがあまり違わない場合には，分子量が大きくて，分子が長いほど分子と分子との相互作用（分子間力）は大きいと考えられる（第1章の例題4を参照）．したがって，メタンよりもエタン，エタンよりもプロパンのほうが分子間力は大きいので沸点は高くなる．答えは，
$$\text{メタン} (109\,\text{K}) < \text{エタン} (184\,\text{K}) < \text{プロパン} (231\,\text{K}) < \text{ブタン} (273\,\text{K}).$$

解答 (2)：融点も沸点と同様に，分子と分子との相互作用で決まる．とくに，非共有電子対（孤立電子対）は分子と分子の相互作用に寄与する．したがって，答えは，
$$\text{メタン} (91\,\text{K}) < \text{アンモニア} (195\,\text{K}) < \text{水} (273\,\text{K}).$$

解答 (3)：解答(1)と解答(2)で説明したように，融点は分子間力によって決められる（14ページの脚注の文献を参照）．塩素の分子間力は**ファンデルワールス結合**である．また，塩化ナトリウムはイオン結晶である．正の電荷をもつ Na^+ と負の電荷をもつ Cl^- が電気的に引っ張る**イオン結合**であり，塩化ナトリウムの融点は塩素よりも高い．ナトリウムは金属であり，自由電子が Na^+ を電気的に引っ張っていて，その化学結合は**金属結合**である．金属結合はイオン結合ほど強くないので，塩化ナトリウムの融点よりも低く，塩素よりは高い．したがって，答えは，
$$\text{塩素} (172\,\text{K}) < \text{ナトリウム} (371\,\text{K}) < \text{塩化ナトリウム} (1073\,\text{K}).$$

例題 2 標準状態で，炭素の転移エンタルピーについて，以下の問いに答えよ．
ただし，黒鉛およびダイヤモンドが燃焼して 1 mol の二酸化炭素になるときの反応エンタルピーを $-393.5, -395.4\,\text{kJ}$ とする．
(1) 黒鉛がダイヤモンドに相転移するときの転移エンタルピーを求めよ．
(2) 標準状態，室温で，黒鉛とダイヤモンドのどちらが安定か．

解答 (1)：1 mol の黒鉛の燃焼反応は C (黒鉛) + $O_2 \rightarrow CO_2$ $\Delta_r H^\ominus = -393.5\,\text{kJ}$ と書ける．また，1 mol のダイヤモンドの燃焼反応は C (ダイヤモンド) + $O_2 \rightarrow CO_2$ $\Delta_r H^\ominus = -395.4\,\text{kJ}$ と書ける．ヘスの法則から，両辺を引き算して整理すると，C

(黒鉛) → C (ダイヤモンド) $\Delta_r H^{\ominus} = 1.9$ kJ となる．転移エンタルピーは 1.9 kJ mol^{-1} である（転移エンタルピーは「1 mol あたり」で定義されるので，単位に mol^{-1} をつけた）．

解答 (2)：解答 (1) より，黒鉛がダイヤモンドに変化するときの転移エンタルピーは 1.9 kJ mol^{-1} である．これは正の値なので，ダイヤモンドのエンタルピーのほうが高く，不安定である．つまり，黒鉛のほうが安定である．ダイヤモンドは長い時間放置すると，黒鉛になる可能性がある．

> **例題 3** 1 mol の金，銀，銅の温度を 1200 K から 1400 K に上げるときのエンタルピーの変化量を求め，必要とする熱エネルギーの大きい順番に並べよ．ただし，金，銀，銅の融点は 1337, 1235, 1358 K, 融解エンタルピーは 12.6, 11.3, 13.3 kJ mol^{-1}, 固体の定圧モル熱容量はそれぞれ 28.56, 29.80, 28.66 J K^{-1} mol^{-1}, 液体の定圧モル熱容量はそれぞれ 31.3, 33.5, 32.6 J K^{-1} mol^{-1} とする．なお，熱容量は温度に依存しないとする．

解答：まず，金の固体を 1200 K から融点 1337 K まで温度を上げるときの 1 mol のエンタルピーの変化量は，定圧モル熱容量に温度差を掛け算すればよいから，$28.56 \times (1337 - 1200) = 3913$ J となる．1 mol の金の固体が融解するときのエンタルピーの変化量は融解エンタルピーのことだから，12.6 kJ である．また，金の液体を融点 1337 K から 1400 K に温度を上げるときの 1 mol のエンタルピーの変化量は，$31.3 \times (1400 - 1337) = 1972$ J となる．したがって，求めるエンタルピーの変化量は，$3913 + 12600 + 1972 = 18485$ J となる．つまり，18.49 kJ である．同様にして，銀では $29.80 \times (1235 - 1200) + 11300 + 33.5 \times (1400 - 1235) = 17870$, つまり，17.87 kJ である．また，銅では $28.66 \times (1358 - 1200) + 13300 + 32.6 \times (1400 - 1358) = 19200$, つまり，19.20 kJ である．したがって，答えは，

$$\text{銅 (19.20 kJ)} > \text{金 (18.49 kJ)} > \text{銀 (17.87 kJ)}.$$

> **例題 4** 温度 253 K の 2 mol の氷を 393 K の水蒸気にするときのエンタルピーの変化量について，以下の問いに答えよ．ただし，融解エンタルピーと蒸発エンタルピーはそれぞれ 6.01 と 40.66 kJ mol^{-1}, また，氷，水，水蒸気の定圧モル熱容量はそれぞれ 37.7, 75.3, 37.1 J K^{-1} mol^{-1} であり，温度に依存しない

とする．

(1) 253 K から融点 273 K まで温度を上げるとき，氷のエンタルピーの変化量を求めよ．
(2) 融点 273 K から沸点 373 K まで温度を上げるとき，水のエンタルピーの変化量を求めよ．
(3) 沸点 373 K から 393 K まで温度を上げるとき，水蒸気のエンタルピーの変化量を求めよ．
(4) 253 K の氷を 393 K の水蒸気にするときのエンタルピーの変化量を求めよ．

解答 (1)：エンタルピーの変化量を求めるためには，熱容量に温度差を掛け算すればよい．ただし，物質量が 2 mol とされているので，2 倍する必要がある．エンタルピーの変化量は $2 \times 37.7 \times (273 - 253) = 1508$ J となる．

解答 (2)：解答 (1) と同様に，エンタルピーの変化量は $2 \times 75.3 \times (373 - 273) = 15060$ J となる．

解答 (3)：解答 (1) と同様に，エンタルピーの変化量は $2 \times 37.1 \times (393 - 373) = 1484$ J となる．

解答 (4)：解答 (1) 〜 (3) に融解エンタルピーと蒸発エンタルピーを足し算すればよい．ただし，物質量を考慮して，エンタルピーの変化量は $1508 + 2 \times 6010 + 15060 + 2 \times 40660 + 1484 = 111400$ J となる．答えは 111.4 kJ である．

例題 5 温度 498 K，標準状態で，水素とヨウ素が反応して，ヨウ化水素が生成するときの反応エンタルピーを求めるとする．以下の問いに答えよ．ただし，ヨウ化水素の標準生成エンタルピーは 26.48 kJ mol^{-1}，水素の定圧モル熱容量は 29.0 J K^{-1} mol^{-1}，ヨウ素の固体および気体の定圧モル熱容量は 54.0 および 37.0 J K^{-1} mol^{-1}，ヨウ化水素の定圧モル熱容量は $(27.2 + 0.0042 \times T)$ J K^{-1} mol^{-1} で表されるとする．また，ヨウ素は 298 K で昇華し，昇華エンタルピーは 62.3 kJ mol^{-1} とする．

(1) 温度 298 K で，ヨウ素は標準状態で固体か，気体か？ その理由は問題文のどのような記述からわかるか．
(2) 温度 298 K，標準状態で，水素と固体のヨウ素からヨウ化水素を生成する反

応は発熱反応か吸熱反応か？　その理由は問題文のどのような記述からわかるか．

(3) 温度 298 K，標準状態で，水素と気体のヨウ素から 2 mol のヨウ化水素が生成するときの反応エンタルピーを求めよ．この反応は発熱反応か，吸熱反応か？

(4) 標準状態で，1 mol の水素および 1 mol の気体のヨウ素を 298 K から 498 K にするときのエンタルピーの変化量を求めよ．

(5) 標準状態で，2 mol のヨウ化水素を 298 K から 498 K にするときのエンタルピーの変化量を求めよ．

(6) 温度 498 K，標準状態で，1 mol の水素と 1 mol の気体のヨウ素が反応して，498 K の 2 mol のヨウ化水素が生成するときの反応エンタルピーを求めよ．また，この反応は発熱反応か，吸熱反応か？

解答 (1)：昇華エンタルピーは 62.3 kJ mol^{-1} であるから，式で表せば，$I_2(固体) \rightarrow I_2(気体)$ $\Delta_r H^\ominus = 62.3 \text{ kJ mol}^{-1}$ となる．昇華エンタルピーが正の値だから，室温，標準状態で安定な状態は固体であることがわかる．つまり，固体が気体になるためにはエネルギーが必要である．

解答 (2)：ヨウ化水素の標準生成エンタルピーが $26.48 \text{ kJ mol}^{-1}$ であるから，反応式で表せば，$(1/2)H_2 + (1/2)I_2(固体) \rightarrow HI$ $\Delta_r H^\ominus(298) = 26.48 \text{ kJ}$ となる．反応エンタルピーの値が正だから，この反応は吸熱反応である．

解答 (3)：問題文の標準生成エンタルピーは，気体の水素と固体のヨウ素から 1 mol のヨウ化水素を生成するときの昇華エンタルピーである．したがって，この問題では，固体のヨウ素を気体のヨウ素にするときのエンタルピーの変化量も考慮しなければならない．ヘスの法則から，解答 (2) の式に 2 を掛け算してから解答 (1) の式を引き算し，$I_2(固体)$ を消去して整理すると，$H_2 + I_2(気体) \rightarrow 2HI$ $\Delta_r H = 2 \times 26.48 - 62.3 = -9.34 \text{ kJ}$ となる．反応エンタルピーの値が負だから発熱反応である．解答 (2) では，固体のヨウ素との反応だから吸熱反応になった．

解答 (4)：エンタルピーの変化量は定圧モル熱容量に温度差を掛け算すればよいから，水素では $\Delta H = 29.0 \times (498 - 298) = 5800 \text{ J}$ となる．答えは 5.8 kJ である．また，気体のヨウ素も同様にして求めることができ，$\Delta H = 37.0 \times (498 - 298) = 7400 \text{ J}$ となる．答えは 7.4 kJ である．

解答 (5)：ヨウ化水素では，定圧モル熱容量が温度に依存するから，エンタルピーの変化量を求めるためには，298 K から 498 K まで定圧モル熱容量を積分すればよい．物質量が 2 mol だから，答えは $\Delta H = 2 \times \int_{298}^{498} (27.2 + 0.0042 \times T) \mathrm{d}T = 2 \times 27.2 \times (498 - 298) + 2 \times 0.0042 \times (1/2) \times (498^2 - 298^2) = 11550$ J となる．つまり，11.55 kJ である．

解答 (6)：これまでに得られた結果をまとめると図 7・4 のようになる．エンタルピーは状態量なので，298 K の水素と気体のヨウ素から，どちらのルートを通って 498 K のヨウ化水素にしても構わない．つまり，$5.8 + 7.4 + \Delta_r H^{\ominus}(498) = -9.34 + 11.55$ となる．したがって，$\Delta_r H^{\ominus}(498) = -10.99$ kJ となる．反応エンタルピーの値が負だから，発熱反応である．

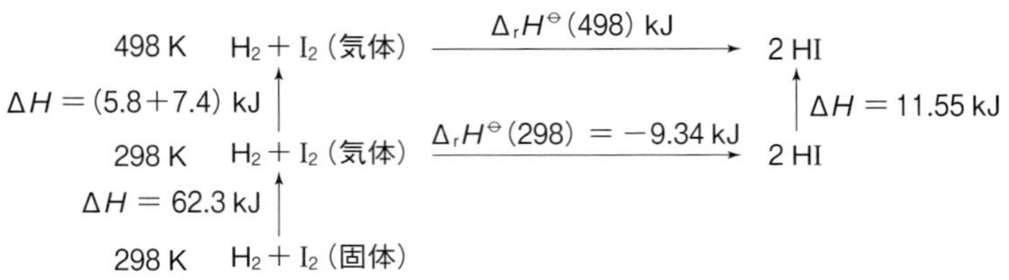

```
498 K    H₂ + I₂ (気体) ──── Δ_rH⊖(498) kJ ────→ 2 HI
ΔH = (5.8+7.4) kJ ↑                              ↑ ΔH = 11.55 kJ
298 K    H₂ + I₂ (気体) ──── Δ_rH⊖(298) = −9.34 kJ ────→ 2 HI
ΔH = 62.3 kJ ↑
298 K    H₂ + I₂ (固体)
```

図 7・4　498 K での反応エンタルピーの求め方

━━━━━━━━━━━━ **この章のまとめ** ━━━━━━━━━━━━

1. 固相，液相，気相のある相から別の相への変化，あるいは結晶形が変わることを相転移という．
2. 固体が液体になることを融解，液体が気体になることを蒸発，固体が気体になることを昇華という．
3. 融解する温度を融点，蒸発する温度を沸点という．水の場合には融点は 273.15 K，沸点は 373.15 K である．
4. 体積，圧力，温度のうちの二つを変数にして，物質がどのような相になるかをグラフで描いたものを相図（または状態図）という．
5. 固相と液相との境目で，圧力と温度の関係を表す線を融解曲線，液相と気相との境目を蒸気圧曲線，固相と気相との境目を昇華圧曲線という．

6. 融解曲線で表す圧力と温度では固相と液相が共存し，蒸気圧曲線では液相と気相が共存し，昇華圧曲線では気相と固相が共存する．
7. 二つ以上の相が共存する平衡状態を相平衡という．
8. 固相，液相，気相の三つが共存する圧力と温度を三重点という．三重点では体積も一義的に決まる．
9. 物質が相転移するときのエンタルピーの変化量を転移エンタルピーという．とくに，固相が液相になるときには融解エンタルピー，液相が気相になるときには蒸発エンタルピーという．
10. 融解エンタルピーも蒸発エンタルピーも一般に正の値である．

演習問題

1. 右図は二酸化炭素の相図（圧力－温度）である．以下の問いに答えよ．
   (a) 1 atm で冷却すると（①），二酸化炭素は液体になるか，固体になるか．この相転移を何というか．
   (b) 二酸化炭素を 6 atm で冷却すると（②），液体になるか，固体になるか．この相転移を何というか．

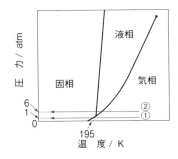

2. 北海道では冬にダイヤモンドダストが見られることがある．ダイヤモンドダストはどのような相転移でつくられるか．
3. 硫黄には斜方晶系と単斜晶系がある．斜方晶系が単斜晶系になるときの転移エンタルピーは $0.40\,\mathrm{kJ\,mol^{-1}}$ である．どちらの結晶系が安定か．また，SO_2 の標準生成エンタルピーを $-296.8\,\mathrm{kJ\,mol^{-1}}$ とすると，1 mol の単斜晶系の硫黄が完全燃焼するときのエンタルピーの変化量を求めよ．
4. ベンゼンとシクロヘキサンで，どちらの融点が低いか．融解エンタルピーはどちらが大きいか．
5. ナフタレンとナフトールで，どちらの融点が低いか．融解エンタルピーはどちらが大きいか．

6. 水と水蒸気の標準生成エンタルピーは $-285.8\,\mathrm{kJ\,mol^{-1}}$ と $-241.8\,\mathrm{kJ\,mol^{-1}}$ である．沸点での水の蒸発エンタルピーを求めよ．ただし，水と水蒸気の定圧モル熱容量は 75.3 と $37.1\,\mathrm{J\,K^{-1}\,mol^{-1}}$ で，温度に依存しないとする．

7. ナトリウムは 371 K で融解し，融解エンタルピーは $2.6\,\mathrm{kJ\,mol^{-1}}$ である．また，1163 K で蒸発し，蒸発エンタルピーは $89.1\,\mathrm{kJ\,mol^{-1}}$ である．固体，液体の定圧モル熱容量を $30.0\,\mathrm{J\,K^{-1}\,mol^{-1}}$ とすると，298 K で 1 mol の固体を 1163 K の気体にするために必要な熱エネルギーを求めよ．

8. ナトリウムの気体の標準生成エンタルピーを $107.5\,\mathrm{kJ\,mol^{-1}}$ とする．問題 7 の結果を利用して，気体の定圧モル熱容量を求めよ．なお，定圧モル熱容量は温度に依存しないとする．

コラム ❼

地表の温度を決める要因とは？

地表は太陽が放射する様々な電磁波を吸収して，地表を構成する粒子が激しく振動するようになる．地表を温めているのは太陽からの電磁波だけではない．地球の中心にはコアといわれる部分があって，核融合反応が起こっている．まるで，小さな太陽が地球の内部に存在するようなものである．そこで生み出されたエネルギーは莫大であり，マントルを構成する粒子の運動エネルギーとなって，地表に伝えられる．マントルは空間を移動できる固体であり，膨大な運動エネルギーを移動させることができる．その結果，大陸を移動させて，大陸と大陸との摩擦で地震を起こしたりもする．また，マントルの一部は融けて液体の溶岩（マグマ）となって，火山から吹き出すこともある．地球内部の核融合の状態が少しでも変われば，結果的に地表の温度が変わり，地表近くにある大気の温度も変わる．（コラム 8 に続く）

第8章

微視的状態数とエントロピー

　外界とエネルギーのやりとりをしないのに，自然に起こる現象がある．たとえば，気体の真空中への膨張がある．一度，膨張すると，気体はもとの状態にもどらない．このような過程を**不可逆過程**という．このような現象を説明するために，エントロピーという状態量を導入する．エントロピーは微視的な状態数に関係し，エントロピーが増大する方向に現象は進む．これを**熱力学第二法則**という．また，すべての物質は絶対零度でエントロピーが 0 であると仮定する．これを**熱力学第三法則**という．

　系が外界と熱エネルギーをやりとりすると，系の内部エネルギーやエンタルピーが高くなったり低くなったりして状態が変化する．しかし，系の内部エネルギーやエンタルピーが変化しなくても，気体の真空中への膨張のように，自然に平衡状態が変わる現象もある（**図 8・1**）．狭い空間の整然とした平衡状態から，広い空間を自由に動く乱雑な平衡状態に自然に変化する．整然とした平衡状態と乱雑な平衡状態と何が違うかというと，それぞれの粒子が空間のどこにいる可能性があるかという**微視的な状態数**が異なる．微視的な状態数とは，確率，そして，統計学に関係している．整然としていれば微視的な状態数は少

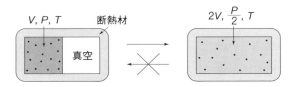

図 8・1　気体は真空中へ膨張すると，もとにもどらない

なく，乱雑であれば微視的な状態数は多い．

微視的な状態数 Ω に関係した状態量を**エントロピー**といい，

$$S = k_B \ln \Omega \tag{8・1}$$

で定義する．ここで，k_B は第 2 章で説明したボルツマン定数であり，したがって，エントロピー S の単位は k_B と同じ $J K^{-1}$ である．整然とした平衡状態では Ω が小さいのでエントロピーも小さく，乱雑な平衡状態では Ω が大きいのでエントロピーも大きい．自然に起こる現象は整然とした平衡状態から乱雑な平衡状態に変化するから，エントロピーが増大すると考えればよい．これを**熱力学第二法則**という．ただし，エントロピーは体積，圧力，温度と同じように状態量なので，ある平衡状態のままではエントロピーも変わらない．したがって，外界とエネルギーをやりとりしない場合には，エントロピーは増大するか，変わらないかのどちらかであり，一般に，次のように書くことができる．

$$\Delta S \geq 0 \tag{8・2}$$

自然に起こる現象は外界からエネルギーを与えない限り，もとの状態に戻ることはない．このような過程を**不可逆過程**という．一方，第 3 章で説明したように，限りなく少しずつ変化させる過程は準静的過程であり，この場合にはもとの状態にもどることも可能なので，**可逆過程**という．可逆過程で外界と少しずつ熱エネルギー (δQ) をやりとりする場合には，エントロピーも少しずつ (dS) 変化し，

$$dS = \delta Q / T \tag{8・3}$$

と定義される．エントロピーの変化量を求めるためには，(8・3) 式の両辺を積分して，次のようになる．

$$\Delta S = \int \frac{\delta Q}{T} \tag{8・4}$$

ここで注意しなければならないことは，系が受けとる熱エネルギー $\delta Q_\text{系}$ は外界が失う熱エネルギー $\delta Q_\text{外界}$ に等しく，$\delta Q_\text{系} + \delta Q_\text{外界} = 0$ が成り立つことである．つまり，系だけではなく，外界のエントロピーも変化する．そこで，系と外界を合わせて全体と考えれば，$\Delta S_\text{全体} = \Delta S_\text{系} + \Delta S_\text{外界} = 0$ となる．外界と

熱エネルギーをやりとりする場合も考慮すると，一般的に，(8・2) 式は，

$$\Delta S_{全体} \geq 0 \qquad (8・5)$$

と書く必要がある．なお，すでに述べたように，エントロピーは体積，圧力，温度と同じように状態量なので，ある平衡状態から別の平衡状態に可逆過程で変化させても不可逆過程で変化させても，同じ平衡状態になるならば，エントロピーの変化量は同じ値になる．

定圧過程（P 一定）で，可逆的に外界と熱エネルギーをやりとりするときを考えよう．熱エネルギーの微小量 δQ は定圧モル熱容量 C_p を用いて書き直せば $C_p dT$ だから（第 4 章を参照），(8・3) 式は $dS = (C_p dT)/T$ となる．温度が T_1 から T_2 まで変化する場合には，両辺を積分すればエントロピーの変化量が求められ，

$$\Delta S = \int_{T_1}^{T_2} dS = \int_{T_1}^{T_2} \frac{C_p}{T} dT = C_p \ln(T_2/T_1) \qquad (8・6)$$

となる．ただし，C_p は温度に依存しないとした．あるいは，マイヤーの関係式 $C_p = C_V + nR$ を利用し，理想気体の状態方程式 $PV = nRT$ で P が一定だから，$PdV = nRdT$ を利用すると，(8・6) 式は次のようになる．

$$\Delta S = \int_{T_1}^{T_2} \frac{C_V}{T} dT + \int_{T_1}^{T_2} \frac{nR}{T} dT = \int_{T_1}^{T_2} \frac{C_V}{T} dT + \int_{V_1}^{V_2} \frac{P}{T} dV \qquad (8・7)$$

さらに，$P/T = nR/V$ を利用すると，次のようになる．

$$\Delta S = \int_{T_1}^{T_2} \frac{C_V}{T} dT + \int_{V_1}^{V_2} \frac{nR}{V} dV = C_V \ln(T_2/T_1) + nR \ln(V_2/V_1) \qquad (8・8)$$

定容過程（V 一定）では，(8・8) 式の第二項が消えて，$\Delta S = C_V \ln(T_2/T_1)$ となる．定容過程では熱エネルギーの微小変化は $C_V dT$ なので，(8・6) 式で C_p の代わりに C_V を用いれば同じ式が得られる．一方，等温過程（T 一定）では，(8・8) 式の第一項が消えて $\Delta S = nR \ln(V_2/V_1)$ となる．あるいは，熱エネルギーの微小変化は $(nRT/V)dV$ で表されるから（表 5・1），これを温度 T で割り算してから積分すれば，$\Delta S = nR \ln(V_2/V_1)$ となって同じ式が得られ

表8・1 4種類の熱力学的過程でのエントロピーの変化

	熱エネルギー微小量 (δQ)	エントロピーの微小変化 (dS)	エントロピーの変化量 (ΔS)
定圧過程	$C_p \mathrm{d}T$	$\dfrac{C_V}{T}\mathrm{d}T + \dfrac{nR}{V}\mathrm{d}V$	$C_V \ln(T_2/T_1) + nR \ln(V_2/V_1)$
定容過程	$C_V \mathrm{d}T$		$C_V \ln(T_2/T_1)$
等温過程	$(nRT/V)\,\mathrm{d}V$		$nR \ln(V_2/V_1)$
断熱過程	0		0

る.また,断熱過程では熱エネルギーの微小変化が 0 なので,(8・4)式からわかるように $\Delta S = 0$ である.熱容量が温度に依存しないとき,それぞれの過程でのエントロピーの微小変化および変化量を**表8・1**にまとめた.

エントロピーは乱雑さを表す状態量である.そこで,エントロピーの基準として,「絶対零度での完全結晶」の微視的状態数 Ω を 1 として,そのエントロピーを $0 (= \ln(1))$ と定義する.これを**熱力学第三法則**という.標準生成エンタルピーと同様に,298 K での**標準エントロピー** ($S^\ominus$) を求めておけば,標準生成エンタルピーから反応エンタルピーを求めたように,標準エントロピーから反応エントロピー ($\Delta_r S^\ominus$) を求めることができる.

例題 1 外界と熱エネルギーをやりとりせず,300 K,1 bar の理想気体を真空中に膨張させて,体積を 1 L から 5 L にしたとする.以下の問いに答えよ.
(1) 仕事エネルギーを求めよ.
(2) 内部エネルギーの変化量を求めよ.
(3) 温度を求めよ.
(4) エンタルピーの変化量を求めよ.
(5) 圧力を求めよ.
(6) エントロピーの変化量を求めよ.

解答 (1):真空中への膨張は外界へ力がかからない.つまり,仕事をしたことにならないから,仕事エネルギーは $W = 0$ である.

解答 (2):内部エネルギーの変化量は $\Delta U = Q + W$ で表される.熱エネルギーをや

りとりしていないので，$Q = 0$，また，解答 (1) より $W = 0$．したがって，$\Delta U = 0$．つまり，内部エネルギーは変わらない．

解答 (3)：内部エネルギーが変わらなければ温度は変わらない．したがって，温度は 300 K のままである．

解答 (4)：エンタルピーの変化量は $\Delta H = \Delta U + \Delta(PV)$ で定義される．あるいは，理想気体なので状態方程式を利用すると，$\Delta H = \Delta U + nR\Delta T$ となる．解答 (2) より $\Delta U = 0$，解答 (3) より $\Delta T = 0$ だから，$\Delta H = 0$，つまり，エンタルピーは変わらない．

解答 (5)：理想気体の状態方程式 $PV = nRT$ より，温度が一定のときには，圧力は体積に反比例するから，$P = 1 \times (1/5) = 0.2\,\mathrm{bar}$ となる．

解答 (6)：外界と熱エネルギーをやりとりしないので断熱過程，つまり，エントロピーの変化量は 0 と思うかもしれないが，そうではない．不可逆過程でのエントロピーを計算するためには，可逆過程で同じ状態にしたと考える必要がある．可逆過程で 1 L を 5 L にするためにはどうしても熱エネルギーが必要であり，エントロピーは増大する．ただし，可逆過程でも不可逆過程でも温度は変わらない．表 8・1 より，可逆等温過程では，$\Delta S = nR\ln(V_2/V_1)$ である．物質量は $n = (1.0 \times 10^5\,\mathrm{Pa} \times 1.0 \times 10^{-3}\,\mathrm{m}^3)/(8.314\,\mathrm{J\,K^{-1}\,mol^{-1}} \times 300\,\mathrm{K}) = 0.0401\,\mathrm{mol}$ である．したがって，答えは $\Delta S = 0.0401 \times 8.314 \times \ln(5/1) = 0.5364\,\mathrm{J\,K^{-1}}$ となる（物質量が計算に含まれているので，単位から mol^{-1} が消えている）．

例題 2 外界と熱エネルギーをやりとりせず，300 K，1 bar，1 L の理想気体 A と，300 K，1 bar，1 L の気体 B を混ぜて全体で 5 L にした．気体 A と気体 B は反応しないとして，以下の問いに答えよ．
(1) この反応は可逆過程か，不可逆過程か．
(2) 気体 A，気体 B それぞれのエントロピーの変化量を求めよ．
(3) 系全体のエントロピーの変化量を求めよ．

解答 (1)：一度混ざった気体はもとにもどらないので，不可逆過程である．

解答 (2)：気体 A も気体 B も混ざる前と後では体積が 1 L から 5 L に増加した．し

たがって，それぞれの気体のエントロピーの変化量は，例題1の解答(6)と同じ $0.5364\,\mathrm{J\,K^{-1}}$ となる．

解答 (3)：体積やエネルギーと同じように，エントロピーは示量性変数なので，系全体では気体 A と気体 B のエントロピーの変化量を足し算すればよい．つまり，$0.5364\,\mathrm{J\,K^{-1}}$ を2倍して，$1.073\,\mathrm{J\,K^{-1}}$ となる．

例題 3 表 8・1 ではエントロピーの変化量が熱力学的過程によって異なっているように見える．しかし，エントロピーは状態量なので，どのような可逆過程を経て (P_1, V_1, T_1, S_1) から (P_2, V_2, T_2, S_2) に変化させても，$\Delta S = S_2 - S_1$ は同じ式で表されるはずである．どの熱力学的過程でも，同じ一つの式，$\dfrac{C_V}{T}\,\mathrm{d}T + \dfrac{nR}{V}\,\mathrm{d}V$ から，それぞれのエントロピーの変化量を導くことができることを示せ．

解答：表 8・1 で示したように，定圧過程でのエントロピーの変化量は，$\displaystyle\int \dfrac{C_p}{T}\,\mathrm{d}T = \int \dfrac{C_V}{T}\,\mathrm{d}T + \int \dfrac{nR}{V}\,\mathrm{d}V$ となる．もしも定容過程ならば第二項が 0 となるから，$\displaystyle\int \dfrac{C_V}{T}\,\mathrm{d}T$ となる．等温過程では第一項が 0 となるから，$\displaystyle\int \dfrac{nR}{V}\,\mathrm{d}V$ となる．断熱過程では第一項と第二項が打ち消し合って，エントロピーの変化量は 0 となる．つまり，どの可逆過程においても，エントロピー変化量は同じ式，$\displaystyle\int \dfrac{C_p}{T}\,\mathrm{d}T = \int \dfrac{C_V}{T}\,\mathrm{d}T + \int \dfrac{nR}{V}\,\mathrm{d}V$ を考えればよい．

例題 4 $1\,\mathrm{mol}$ の理想気体（単原子分子）を準静的に平衡状態 $\mathrm{A}\,(V_A\,\mathrm{L},\,P_A\,\mathrm{atm},\,T_A\,\mathrm{K})$ から同じ温度の平衡状態 $\mathrm{B}\,(V_B\,\mathrm{L},\,P_B\,\mathrm{atm},\,T_A\,\mathrm{K})$ へ変化させるときに，以下の問いに答えよ．

(1) 等温過程で変化させるときのエントロピーの変化量を求めよ．

(2) 定容過程で途中の平衡状態 $\mathrm{C}\,(V_A\,\mathrm{L},\,P_B\,\mathrm{atm},\,T_C\,\mathrm{K})$ に変化させ，さらに定圧過程で平衡状態 B に変化させたときのエントロピーの変化量を求めよ．

(3) 定圧過程で途中の平衡状態 D (V_B L, P_A atm, T_D K) に変化させ，さらに定容過程で平衡状態 B に変化させたときのエントロピーの変化量を求めよ．

解答 (1)：物質量は $n = 1$ であることを考慮して，表 8・1 より，等温過程では $\Delta S = R\ln(V_B/V_A)$ となる．

解答 (2)：表 8・1 より，平衡状態 A から平衡状態 C への定容過程では，$\Delta S = C_V \ln(T_C/T_A)$. 平衡状態 C から平衡状態 B への定圧過程では，$\Delta S = C_V \ln(T_A/T_C) + R\ln(V_B/V_A)$. したがって，平衡状態 A から平衡状態 C を経由して平衡状態 B へ変化させるときのエントロピーの変化量は，$\Delta S = C_V \ln(T_C/T_A) + C_V \ln(T_A/T_C) + R\ln(V_B/V_A) = R\ln(V_B/V_A)$ となって，解答 (1) の結果と同じになる．エントロピーは状態量であり，熱力学的過程によらない．

解答 (3)：表 8・1 より，平衡状態 A から平衡状態 D への定圧過程では，$\Delta S = C_V \ln(T_D/T_A) + R\ln(V_B/V_A)$. 平衡状態 D から平衡状態 B への定容過程では，$\Delta S = C_V \ln(T_A/T_D)$. したがって，平衡状態 A から平衡状態 D を経由して平衡状態 B へ変化させるときのエントロピーの変化量は，$\Delta S = C_V \ln(T_D/T_A) + R\ln(V_B/V_A) + C_V \ln(T_A/T_D) = R\ln(V_B/V_A)$ となって，同じ結果が得られる．

例題 5 標準状態，室温で，1 mol のアセチレンに水素を付加してエチレンを合成し，さらにエチレンに水素を付加してエタンにしたとする．以下の問いに答えよ．ただし，水素，アセチレン，エチレン，エタンの標準エントロピーをそれぞれ 130.6, 200.8, 219.2, 229.1 J K^{-1} mol^{-1} とする．
(1) アセチレンからエチレンを合成するときの反応エントロピーを求めよ．
(2) エチレンからエタンを合成するときの反応エントロピーを求めよ．
(3) アセチレンからエタンを合成するときの反応エントロピーを求めよ．

解答 (1)：化学反応式は CH≡CH + H_2 → CH_2=CH_2 である．反応エントロピーは，エチレンの標準エントロピーから水素とアセチレンの標準エントロピーを引き算すればよいから，$\Delta_r S^\ominus = 219.2 - 130.6 - 200.8 = -112.2$ J K^{-1} となる．

解答 (2)：化学反応式は CH_2=CH_2 + H_2 → CH_3-CH_3 である．反応エントロピーはエタンの標準エントロピーから水素とエチレンの標準エントロピーを引き算すれ

ばよいから，$\Delta_r S^\ominus = 229.1 - 130.6 - 219.2 = -120.7 \, \text{J K}^{-1}$ となる．

解答 (3)：化学反応式は $CH \equiv CH + 2H_2 \rightarrow CH_3 - CH_3$ となる．反応エントロピーは $\Delta_r S^\ominus = 229.1 - 2 \times 130.6 - 200.8 = -232.9 \, \text{J K}^{-1}$ となる．あるいは，解答 (1) と解答 (2) の値を足し算しても同じ値になる．

例題 6 標準状態で，水素と窒素から 1 mol のアンモニアを合成するときの反応エントロピーを求めよ．ただし，水素，窒素，アンモニアの標準エントロピーをそれぞれ 130.6, 191.5, 192.7 J K^{-1} mol^{-1} とする．なお，体積変化に伴うエントロピーの変化量などは考慮しなくてもよい．

解答：化学反応式は $(3/2)H_2 + (1/2)N_2 \rightarrow NH_3$ となる．したがって，反応エントロピーは，$\Delta_r S^\ominus = 192.7 - (3/2) \times 130.6 - (1/2) \times 191.5 = -98.95 \, \text{J K}^{-1}$ となる．

例題 7 標準状態，温度 328 K で，水素と塩素が反応して，塩化水素が生成するときの反応エントロピーを求めるとする．以下の問いに答えよ．ただし，水素，塩素，塩化水素の 298 K での標準エントロピーは 130.58, 223.0, 186.8 J K^{-1} mol^{-1}，また，水素，塩素，塩化水素の定圧モル熱容量はそれぞれ 29.0, 34.0, 29.0 J K^{-1} mol^{-1} で，温度に依存しないとする．
(1) 標準状態，298 K で，水素と塩素から塩化水素 1 mol を生成するときの反応エントロピーを求めよ．
(2) 標準状態で，水素，塩素，塩化水素 1 mol を 298 K から 328 K に変化させるときのそれぞれのエントロピーの変化量を求めよ．
(3) 標準状態，328 K で，水素と塩素から塩化水素 1 mol を生成するときの反応エントロピーを求めよ．

解答 (1)：化学反応式は $(1/2)H_2 + (1/2)Cl_2 \rightarrow HCl$ と書ける．物質量に注意しながら，生成物の標準エントロピーから反応物の標準エントロピーを引き算すると，$\Delta_r S^\ominus(298) = 186.8 - (1/2) \times 130.58 - (1/2) \times 223.0 = 10.01 \, \text{J K}^{-1}$ である．

解答 (2)：定圧過程でのエントロピーの変化量は，定圧モル熱容量が温度に依存しな

ければ，$\Delta S = C_p \ln(T_2/T_1)$ である．この問題では $T_2 = 328$ K，$T_1 = 298$ K だから，$\ln(T_2/T_1) = \ln(328/298) = 0.09592$ である．したがって，水素，塩素，塩化水素のそれぞれのエントロピーの変化量は，0.09592 に 29.0，34.0，29.0 J K^{-1} を掛け算して，2.782，3.261，2.782 J K^{-1} となる．

解答 (3)：328 K での標準反応エントロピーを求めるためには，標準反応エンタルピーと同様に考えればよい（第 6 章の例題 4）．解答 (1) と解答 (2) の結果から，**図 8·2** のように表される．ここで，1/2 mol の水素と塩素のエントロピーの変化量の和は，$\Delta S = (1/2) \times 2.782 + (1/2) \times 3.261 = 3.022$ J K^{-1} である．

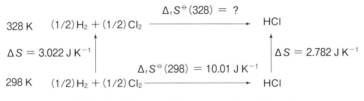

図 8·2 328 K での反応エントロピーの求め方

どちらのルートで 328 K の HCl を生成しても，エントロピーの変化量は同じであるから，$3.022 + \Delta_r S^{\ominus}(328) = 10.01 + 2.782$ が成り立つ．したがって，328 K での反応エントロピーは $\Delta_r S^{\ominus}(328) = 9.771$ J K^{-1} である．

この章のまとめ

1. エントロピーは微視的な状態数 Ω が多いか少ないかを表す状態量である．
2. エントロピーと微視的な状態数 Ω との間には $S = k_B \ln \Omega$ の関係式がある．
3. 自然に起こる現象で，外界と熱エネルギーをやりとりしないときには，エントロピーは変わらないか，増大する（$\Delta S_\text{系} \geq 0$）．
4. 自然に起こる現象で，外界と熱エネルギーをやりとりするときには，外界のエントロピーの変化も考慮する必要があり，全体のエントロピーは変わらないか，増大する（$\Delta S_\text{系} + \Delta S_\text{外界} = \Delta S_\text{全体} \geq 0$）．これを「熱力学第二法則」という．
5. 外界からエネルギーを与えない限り，もとの平衡状態に戻らない過程を不

可逆過程といい，それ以外を可逆過程という．
6. 外界から熱エネルギーの微小量 δQ を与えられた場合の系のエントロピーの微小変化量は，可逆過程では $dS_{系} = \delta Q/T$ で表される．
7. 最初と最後の平衡状態が同じならば，不可逆過程でのエントロピーの変化量は可逆過程に置き換えて計算できる．
8. エントロピーの変化量は，定容過程では $\Delta S = \int_{T_1}^{T_2} \frac{C_V}{T} dT$，定圧過程では $\Delta S = \int_{T_1}^{T_2} \frac{C_p}{T} dT = \int_{T_1}^{T_2} \frac{C_V}{T} dT + \int_{V_1}^{V_2} \frac{nR}{V} dV$，等温過程では $\Delta S = \int_{V_1}^{V_2} \frac{nR}{V} dV$，断熱過程では $\Delta S = 0$ である．
9. 絶対零度で完全結晶のエントロピーを 0 と定義し，これを標準エントロピーの基準とする．これを「熱力学第三法則」という．
10. 反応エントロピーは，生成物の標準エントロピーから反応物の標準エントロピーを引き算すれば求めることができる．

演習問題

1. 圧力 2 bar，温度 300 K で体積 1 L の窒素と 1 L の酸素を混ぜて，圧力 2 bar，温度 300 K で体積 2 L の混合気体にすると，エントロピーは混ぜる前と比べてどのくらい増えるか，減るか．
2. 圧力 2 bar で，2 mol の窒素の体積を可逆的に 20 L から 30 L に変化させた．エントロピーの変化量を求めよ．ただし，窒素は理想気体とする．
3. 体積 100 L で，5 mol の窒素の圧力を可逆的に 1 bar から 4 bar に変化させた．エントロピーの変化量を求めよ．ただし，窒素は理想気体とする．
4. 温度 300 K で，1 mol の窒素の圧力を可逆的に 1 bar から 0.5 bar に変化させた．エントロピーの変化量を求めよ．ただし，窒素は理想気体とする．
5. 断熱圧縮で，1 bar，3 mol の窒素の体積を可逆的に 60 L から 20 L に変化させた．エントロピーの変化量を求めよ．ただし，窒素は理想気体とする．
6. 大気圧下で，3 mol のアルゴンの温度を可逆的に 300 K から 600 K に変化させた．エントロピーの変化量を求めよ．ただし，アルゴンは理想気体とする．

7. 大気圧下で，2 mol のアンモニアの温度を可逆的に 300 K から 600 K に変化させた．エントロピーの変化量を求めよ．ただし，アンモニアの定圧モル熱容量は温度 T に依存し，$C_p = 29.7 + 0.025\,T$ で表されるとする．

8. 一酸化窒素と酸素が反応して，1 mol の二酸化窒素が生成するときの反応エントロピーを求めよ．ただし，一酸化窒素，酸素，二酸化窒素の標準エントロピーを 210.7，205.0，240.0 J K^{-1} mol^{-1} とする．

コラム 8
地表からは赤外線が放射される

人間も含め，あらゆる物質からは赤外線が放射されている．地表も例外ではない．太陽から放射される電磁波を吸収したり，マントルの熱エネルギーを吸収したりして温まり，赤外線を放射する．しかし，地表から放射された赤外線は大気を構成する窒素や酸素の運動エネルギーにはならない．つまり，気温を直接に上げる原因にはならない．その理由は，窒素や酸素が赤外線を吸収しないからである．分子が赤外線を吸収するためには，分子の中で電気的な偏りをもつ必要があるが，窒素や炭素は対称性がよく（対称心があり），電気的な偏りが生じない．アルゴンも原子であり，球対称であり，電気的な偏りが生じないので赤外線を吸収しない．大気を構成する大部分（約 99.96 %）の原子・分子は赤外線を吸収しないので，大気の運動エネルギーが増えることはない．つまり，気温が上がることはない．（コラム 9 に続く）

第9章

相平衡と自由エネルギー

　外界から与えられた熱エネルギーの一部はエントロピーの変化に使われる．そのエネルギーは温度に依存し，これを束縛エネルギーという．内部エネルギーあるいはエンタルピーから束縛エネルギーを除いたエネルギーがヘルムホルツの自由エネルギー（$A = U - TS$）あるいはギブズの自由エネルギー（$G = H - TS$）である．化学反応も相転移も，エントロピーの変化を考慮した自由エネルギーが低くなるように起こる．また，二つの相が共存する相平衡の状態では，それぞれの相の自由エネルギーは同じ値になる．

　定容過程（$dV = 0$）では仕事エネルギーは0であり，エントロピーが変化しなければ，外界とやりとりした熱エネルギー Q_V がそのまま内部エネルギーの変化量となる（$\Delta U = Q_V$）．しかし，もしも，エントロピーが変化すると，(8・3) 式からわかるように，$\delta Q = TdS$ だから，外界とやりとりした熱エネルギー Q_V のうち，一部がエントロピーの変化のために使われることになる．その結果，系のエネルギーは本来よりも少なくなる．そこで，

$$A = U - TS \qquad (9・1)$$

と定義し，A を**ヘルムホルツの自由エネルギー**とよぶ．また，エントロピーに関係した第二項 TS を**束縛エネルギー**とよぶ．

　ヘルムホルツの自由エネルギーの微小変化量は，関数の積の微分の公式（$(f \cdot g)' = f' \cdot g + f \cdot g'$））を利用して，$dA = dU - d(TS) = dU - TdS - SdT$ となる．逆に，ある平衡状態から別の平衡状態に変化するときの自由エネルギーの変化量を求めるには，これを積分すればよい．

$$\Delta A = \int dA = \Delta U - \int TdS - \int SdT \qquad (9\cdot2)$$

さらに，温度が一定 $(dT=0)$ で平衡状態が変化する場合には，$\Delta A = \Delta U - T\Delta S$ となるが，$\Delta U = 0$ なので，$\Delta A = -T\Delta S$ となる．また，$\Delta U = Q + W = 0$ であり，$Q = T\Delta S$ だから，$W = -Q = -T\Delta S = \Delta A$ となり，ヘルムホルツの自由エネルギーの変化量は，仕事エネルギーに等しいことがわかる．

定圧過程 $(dP=0)$ の場合には，エントロピーが変化しなければ，外界とやりとりした熱エネルギー Q_p は，仕事エネルギー W も考慮したエンタルピーの変化量となる $(\Delta H = Q_p)$．もしも，エントロピーが変化するならば，エンタルピーから束縛エネルギーを引き算した正味のエネルギーを，

$$G = H - TS \qquad (9\cdot3)$$

と定義し，G を**ギブズの自由エネルギー**とよぶ．ギブズの自由エネルギーの微小変化量は $dG = dH - d(TS) = dH - TdS - SdT$ となる．また，ある平衡状態から別の平衡状態に変化するときの自由エネルギーの変化量は，次のようになる．

$$\Delta G = \int dG = \Delta H - \int TdS - \int SdT \qquad (9\cdot4)$$

さらに，温度一定 $(dT=0)$ で状態が変化する場合には $\Delta H = 0$ だから，$\Delta G = -T\Delta S = W$ となる．ギブズの自由エネルギーの変化量も仕事エネルギーに等しくなる．これまでに登場した4種類の熱力学的エネルギーを**表9・1**にま

表9・1 4種類の熱力学的エネルギー

記号	名前	定義	変化量	意味
U	内部エネルギー	$U = (3/2)RT + \cdots$	ΔU (体積一定)	運動エネルギーなど
H	エンタルピー	$H = U + PV$	$\Delta H = \Delta U + P\Delta V$ (圧力一定)	仕事エネルギーを考慮
A	ヘルムホルツの自由エネルギー	$A = U - TS$	$\Delta A = \Delta U - T\Delta S$ (体積，温度一定)	束縛エネルギーを考慮
G	ギブズの自由エネルギー	$G = H - TS$	$\Delta G = \Delta H - T\Delta S$ (圧力，温度一定)	仕事エネルギーと束縛エネルギーを考慮

とめた．なお，標準状態（圧力が 1 bar）で自由エネルギーを考えることが多いので，単に自由エネルギーと書いたら，ギブズの自由エネルギーを表すことにする．

相が変化するときにはエンタルピーもエントロピーも変わる．エンタルピーと同様に，相が変化するときのエントロピーの変化量を**転移エントロピー**という．とくに，融解するときには**融解エントロピー**，蒸発するときには**蒸発エントロピー**とよぶ．エントロピーは平衡状態での微視的な状態数（Ω）に関係する物理量だから，固体よりも液体，液体よりも気体のほうがエントロピーは大きい．つまり，融解エントロピーも蒸発エントロピーも正の値である（**図 9・1**）．

相平衡では，温度も圧力も一定で二つの相が共存して平衡状態になっているから，それぞれの相の自由エネルギーが異なってはならない．なぜならば，もしも，ある相の自由エネルギーのほうが低ければ，物質はすべてその相になってしまい，二つの相が共存できなくなるからである．物質は常に安定な状態，すなわち，エネルギーの低い状態になろうとする．そうすると，相平衡の状態では，

$$\Delta G = \Delta H - T\Delta S = 0 \qquad (9 \cdot 5)$$

が成り立つ．したがって，

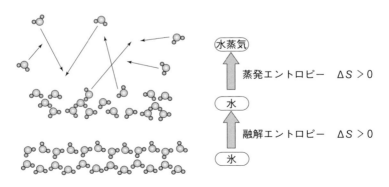

図 9・1　水の相転移と転移エントロピー

$$\Delta S = \Delta H / T \tag{9・6}$$

となる．たとえば，融解エントロピーは融解エンタルピーを融点で割り算すれば求められる．

第6章で標準生成エンタルピーを，第8章で標準エントロピーを説明した．同様に，標準生成ギブズ自由エネルギーを定義することができる．標準状態（1 bar），室温（298 K）で，最も安定な単体から化合物を生成する反応を考える．

$$\text{単体 X} + \text{単体 Y} \longrightarrow 1 \text{ mol の化合物 XY} \tag{9・7}$$

生成物と反応物の自由エネルギーの差を標準生成ギブズ自由エネルギーといい，$\Delta_f G^\ominus$ と書く．エントロピーを考慮しているので，$\Delta_f G^\ominus = \Delta_f H^\ominus - T\Delta S^\ominus$ であり，$\Delta S^\ominus \neq 0$ なので，$\Delta_f G^\ominus$ は $\Delta_f H^\ominus$ と等しいわけではない．

例題1 圧力 1 bar，温度 300 K で，1 mol の理想気体を真空容器に断熱的に膨張させて，5倍の体積にしたとする．以下の問いに答えよ．
（1）膨張後の圧力，温度を求めよ．
（2）エンタルピーの変化量とエントロピーの変化量を求めよ．
（3）自由エネルギーの変化量を求めよ．

解答（1）：外界と熱エネルギーも仕事エネルギーもやりとりしていないので，内部エネルギーは変わらない．したがって，膨張後の温度も変わらない．温度が一定ならば，ボイルの法則より，圧力と体積は反比例するから，膨張後の圧力は 1/5 倍になる．つまり，0.2 bar である．

解答（2）：エンタルピーの変化量は $\Delta H = \Delta U + \Delta(PV)$ で定義され，1 mol の理想気体では $PV = RT$ だから，$\Delta H = \Delta U + R\Delta T$ となる．温度が一定だから，内部エネルギーの変化量 ΔU が 0 であり，ΔT も 0 だから，エンタルピーの変化量も 0 である．一方，体積が変わるので，エントロピーは変化する．体積が増すと，分子が自由に動くことのできる空間が増え，乱雑さが増すという意味である．等温過程でのエントロピーの変化量は表 8・1 より，$\Delta S = R \ln(V_2/V_1)$ だから，$\Delta S = 8.314 \times \ln(5) = 13.38 \text{ J K}^{-1}$ となる．

解答（3）：等温過程の場合，自由エネルギーの変化量は $\Delta G = \Delta H - T\Delta S$ で表され

る.したがって,解答 (2) の結果を代入すれば,$\Delta G = 0.00 - 300 \times 13.38 = -4014$ J となる.答えは -4.014 kJ である.

例題 2　標準状態で,硫黄の転移エントロピーについて,以下の問いに答えよ.

(1) 斜方晶系の硫黄の融点を 388.4 K,融解エンタルピーを 1.72 kJ mol^{-1} として,融解エントロピーを求めよ.

(2) 斜方晶系の硫黄の沸点を 717.75 K,蒸発エンタルピーを 9.62 kJ mol^{-1} として,蒸発エントロピーを求めよ.

(3) 斜方晶系の硫黄が単斜晶系の硫黄になるときの転移温度を 368.54 K,転移エンタルピーを 0.40 kJ mol^{-1} として,相転移エントロピーを求めよ.

(4) 問題 (1) 〜 (3) のエントロピーを小さい順に並べよ.また,その順番になる理由を述べよ.

解答 (1):融点では固体と液体が共存し,相平衡になっているので,それぞれの相の自由エネルギーに差はない.したがって,(9・6) 式を使って,$\Delta S = \Delta H / T = 1720/388.4 = 4.428$ J K^{-1} mol^{-1} となる.

解答 (2):沸点では液体と気体が共存し,相平衡になっているので,それぞれの相の自由エネルギーに差はない.したがって,(9・6) 式を使って,$\Delta S = \Delta H / T = 9620/717.75 = 13.40$ J K^{-1} mol^{-1} となる.

解答 (3):転移温度では二つの結晶形が共存し,相平衡になっているので,それぞれの結晶系の自由エネルギーに差はない.したがって,(9・6) 式を使って,$\Delta S = \Delta H / T = 400/368.54 = 1.085$ J K^{-1} mol^{-1} となる.

解答 (4):解答 (1) 〜 (3) の結果を使うと,

$$\text{相転移エントロピー} < \text{融解エントロピー} < \text{蒸発エントロピー}$$

となる.エントロピーは体積が大きいほど乱雑さが増して大きくなると考えられる.結晶形の変化では体積変化はほとんどない.一方,固体よりも液体,液体よりも気体の体積のほうが大きいので,融解エントロピーよりも蒸発エントロピーのほうが大きい.

例題 3 標準状態で，253 K の 2 mol の氷を 393 K の水蒸気にするときのエントロピーの変化量について，以下の問いに答えよ．ただし，氷の融解エンタルピーと水の蒸発エンタルピーは 6.01 と 40.66 kJ mol^{-1}，また，氷，水，水蒸気の定圧モル熱容量はそれぞれ 37.7, 75.3, 37.1 J K^{-1} mol^{-1} で温度に依存しないとする．

(1) 氷の温度を 253 K から融点 273 K まで上昇させるときのエントロピーの変化量を求めよ．

(2) 水の温度を融点 273 K から沸点 373 K まで上昇させるときのエントロピーの変化量を求めよ．

(3) 水蒸気の温度を沸点 373 K から 393 K まで上昇させるときのエントロピーの変化量を求めよ．

(4) 温度 253 K の氷を 393 K の水蒸気にするときのエントロピーの変化量を求めよ．

解答 (1)：エントロピーの変化量は，(8・6) 式より，$\Delta S = \int \dfrac{C_P}{T} dT$ を使って計算できる．物質量が 2 mol なので，エントロピーの変化量は $\Delta S = 2 \times \int_{253}^{273} \dfrac{37.7}{T} dT = 2 \times 37.7 \times \ln(273/253) = 5.737$ J K^{-1} となる．

解答 (2)：解答 (1) と同様にして，$\Delta S = 2 \times \int_{273}^{373} \dfrac{75.3}{T} dT = 2 \times 75.3 \times \ln(373/273) = 47.00$ J K^{-1} となる．

解答 (3)：解答 (1) と同様にして，$\Delta S = 2 \times \int_{373}^{393} \dfrac{37.1}{T} dT = 2 \times 37.1 \times \ln(393/373) = 3.876$ J K^{-1} となる．

解答 (4)：解答 (1) 〜 解答 (3) に融解エントロピーと蒸発エントロピーを足し算すればよい．融解エントロピーと蒸発エントロピーは (9・6) 式を使って計算できる．ただし，物質量を考慮して，$5.737 + 2 \times 6010/273 + 47.00 + 2 \times 40660/373 + 3.876 = 318.7$ J K^{-1} となる．

例題 4 塩化水素の標準生成ギブズ自由エネルギーを求めよ．ただし，水素，塩素，塩化水素の標準エントロピーは 130.6, 223.0, 186.8 J K^{-1} mol^{-1}，塩化水素の標準生成エンタルピーは -92.31 kJ mol^{-1} とする．

解答：反応式は $(1/2)\mathrm{H}_2 + (1/2)\mathrm{Cl}_2 \rightarrow \mathrm{HCl}$ である．標準エントロピーは $\Delta S^\ominus = 186.8 - (1/2) \times 130.6 - (1/2) \times 223.0 = 10.0$ J K^{-1} mol^{-1} となる．また，塩化水素の標準生成エンタルピーは $\Delta_f H^\ominus = -92.31$ kJ mol^{-1} である．したがって，標準生成ギブズ自由エネルギーは，$\Delta_f G^\ominus = \Delta_f H^\ominus - T\Delta S^\ominus = -92310 - 298 \times 10.0 = -95290$ J mol^{-1} となる．答えは -95.29 kJ mol^{-1} である．

例題 5 温度 298 K，標準状態で水素とヨウ素が反応して，2 mol のヨウ化水素が生成するときの自由エネルギーを求めるとする．以下の問いに答えよ．ただし，水素，固体のヨウ素，気体のヨウ素，ヨウ化水素の標準エントロピーは 130.6, 116.1, 260.6, 206.5 J K^{-1} mol^{-1}，ヨウ化水素の標準生成エンタルピーは 26.48 kJ mol^{-1}，ヨウ素は 298 K で昇華し，昇華エンタルピーは 62.30 kJ mol^{-1} とする．

(1) 1 mol のヨウ素が昇華するときのエントロピーの変化量を求めよ．
(2) 1 mol のヨウ素が昇華するときの自由エネルギーの変化量を求めよ．
(3) 水素と固体のヨウ素から 2 mol のヨウ化水素が生成するときの反応エントロピーと反応エンタルピーを求めよ．
(4) 水素と気体のヨウ素から 2 mol のヨウ化水素が生成するときの反応エントロピー，反応エンタルピー，自由エネルギーの変化量を求めよ．

解答 (1)：反応式は I_2(固体) $\rightarrow \mathrm{I}_2$(気体) である．したがって，気体のヨウ素の標準エントロピーから，固体のヨウ素の標準エントロピーを引き算すればよいから，$\Delta S = 260.6 - 116.1 = 144.5$ J K^{-1} となる（物質量が 1 mol と指定されているので，mol^{-1} はつかない）．

解答 (2)：温度が一定のときの自由エネルギーの変化量は $\Delta G = \Delta H - T\Delta S$ である．ΔH は昇華エンタルピーだから，62300 J mol^{-1} である．解答 (1) の ΔS を使って，$\Delta G = 62300 - 298 \times 144.5 = 19240$ J となる．つまり，19.24 kJ である．

解答 (3)：反応式は $H_2 + I_2 (固体) \rightarrow 2HI$ である．反応エントロピーは標準エントロピーから計算できて，$\Delta_r S^\ominus (298) = 2 \times 206.5 - 130.6 - 116.1 = 166.3 \, \text{J K}^{-1}$ となる．反応エンタルピーはヨウ化水素の物質量が 2 mol だから，ヨウ化水素の標準生成エンタルピーを 2 倍して，$\Delta_r H^\ominus (298) = 2 \times 26.48 = 52.96 \, \text{kJ}$ となる．

解答 (4)：反応式は $H_2 + I_2 (気体) \rightarrow 2HI$ である．反応エントロピーは標準エントロピーから求めることができて，$\Delta_r S^\ominus = 2 \times 206.5 - 130.6 - 260.6 = 21.8 \, \text{J K}^{-1}$ となる．図 9・2 で示したように，昇華させてから反応させても，いきなり反応させても，状態量は同じ値になることを利用すると，$\Delta_r S^\ominus = 166.3 - 144.5 = 21.8 \, \text{J K}^{-1}$ となって，同じ値が得られる．同様に，反応エンタルピーは $\Delta_r H^\ominus = 52.96 - 62.30 = -9.34 \, \text{kJ}$ となる．反応に伴う自由エネルギーの変化量は，$\Delta_r G^\ominus = \Delta_r H^\ominus - T\Delta_r S^\ominus = -9340 - 298 \times 21.8 = -15840 \, \text{J}$ となる．つまり，$-15.84 \, \text{kJ}$ である．

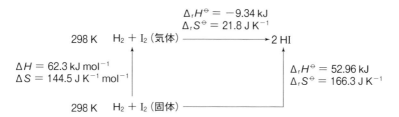

図 9・2　ヨウ化水素が生成する反応のエントロピーとエンタルピー

この章のまとめ

1. エントロピーの変化に使われるエネルギーを束縛エネルギーといい，温度にエントロピーを掛け算した値である (TS)．
2. 束縛エネルギーを除いたエネルギーを自由エネルギーという．
3. 内部エネルギーから束縛エネルギーを除いたエネルギーをヘルムホルツの自由エネルギーという ($A = U - TS$)．定容過程で使われる．
4. エンタルピーから束縛エネルギーを除いたエネルギーをギブズの自由エネルギーという ($G = H - TS$)．定圧過程で使われる．
5. 温度が一定のとき，自由エネルギーの変化量は $\Delta A = \Delta U - T\Delta S$, $\Delta G =$

$\Delta H - T\Delta S$ となる．

6. 固相よりも液相，液相よりも気相のほうが粒子は自由に運動でき，乱雑になるからエントロピーは大きくなる．
7. 相が変化するときのエントロピーの変化量を転移エントロピーという．
8. 固体が液体になるときは融解エントロピー，液体が気体になるときには蒸発エントロピーという．
9. 標準生成ギブズ自由エネルギーは，標準生成エンタルピーと標準エントロピーから求めることができる（$\Delta_f G^\ominus = \Delta_f H^\ominus - T\Delta S^\ominus$）．
10. 相平衡状態では $\Delta G = 0$ であり，転移エントロピーは転移エンタルピーを相転移温度で割り算すれば計算できる（$\Delta S = \Delta H/T$）．

演習問題

1. 温度 300 K で，1 mol の理想気体（二原子分子）の圧力を 1 bar から 0.5 bar に可逆的に変化させた．熱エネルギー，仕事エネルギー，エントロピーの変化量，内部エネルギー，エンタルピー，ヘルムホルツの自由エネルギー，ギブズの自由エネルギーの変化量を求めよ．
2. セレン (Se) には赤色と灰色の結晶系がある．赤色が灰色になるときの温度は 423 K で，転移エンタルピーは 0.75 kJ mol^{-1} である．転移エントロピーを求めよ．
3. 1 mol の金 (Au) の温度を 1200 K から 1400 K に上げるときのエントロピーの変化量を求めよ．ただし，金の融点は 1337 K，融解エンタルピーは 12.6 kJ mol^{-1}，固体および液体の定圧モル熱容量はそれぞれ 28.56 J K^{-1} mol^{-1} および 31.3 J K^{-1} mol^{-1} で，温度に依存しないとする．
4. 二酸化窒素の標準生成ギブズ自由エネルギーを求めよ．ただし，窒素，酸素，二酸化窒素の標準エントロピーは 191.5，205.0，240.0 J K^{-1} mol^{-1}，二酸化窒素の標準生成エンタルピーは 33.18 kJ mol^{-1} とする．
5. オゾンの標準生成ギブズ自由エネルギーを求めよ．ただし，酸素とオゾンの標準エントロピーは 205.0 と 238.8 J K^{-1} mol^{-1}，オゾンの標準生成エンタルピーは 142.7 kJ mol^{-1} とする．
6. 1 mol の一酸化窒素を燃焼して，1 mol の二酸化窒素が生成したとする．反応に伴

う自由エネルギーの変化量を求めよ．ただし，一酸化窒素の標準エントロピーと標準生成エンタルピーは $210.65\,\mathrm{J\,K^{-1}\,mol^{-1}}$ と $90.25\,\mathrm{kJ\,mol^{-1}}$，そのほかの必要なデータは問題4に記されている．

7. 一酸化窒素と二酸化窒素の標準生成ギブズ自由エネルギーは $86.55\,\mathrm{kJ\,mol^{-1}}$ と $51.29\,\mathrm{kJ\,mol^{-1}}$ である．1 mol の一酸化窒素から 1 mol の二酸化窒素が生成する反応に伴う自由エネルギーの変化量を求め，問題6の結果と比較せよ．

8. アンモニアの標準生成ギブズ自由エネルギーを求めよ．ただし，水素，窒素，アンモニアの標準エントロピーは 130.58，191.50，$192.67\,\mathrm{J\,K^{-1}\,mol^{-1}}$，アンモニアの標準生成エンタルピーは $-45.94\,\mathrm{kJ\,mol^{-1}}$ とする．

コラム ❾

二酸化炭素は赤外線を吸収する

　二酸化炭素も対称性がよいので，電気的な偏りがなく，赤外線を吸収しないような気がする．しかし，窒素や酸素やアルゴンでは不可能だが，二酸化炭素は分子が折れ曲がることがあり（変角振動という），そのような形では電気的な偏りができ，赤外線を吸収することができるようになる．赤外線を吸収した二酸化炭素はどうなるかというと，振動運動のエネルギーが増え，激しく振動するようになる．大昔の大気のように，構成する成分のほとんどが二酸化炭素ならば，激しく運動する二酸化炭素が寒暖計に衝突して，寒暖計の赤い液体の運動エネルギーが増え，その高さが高くなることは想像できる．つまり，気温は上がる．しかし，現在の大気中の二酸化炭素は約 $0.04\,\%$ である．$99.96\,\%$ の大気成分（窒素，酸素，アルゴン）の運動エネルギーを増やさなければ，寒暖計の高さは変わらない．（コラム10に続く）

第10章
マクスウェルの関係式とその応用

　四つの状態関数，すなわち，内部エネルギー，エンタルピー，ヘルムホルツの自由エネルギー，ギブズの自由エネルギーは，四つの状態量，すなわち，体積，圧力，温度，エントロピーの関数である．状態関数の全微分および偏微分を調べてみると，とても規則的な関係があることがわかる．また，それらの関係式から，状態量の偏微分の間にも規則的な関係があることがわかる．それら四つの関係式をマクスウェルの関係式という．過冷却液体の瞬間冷凍などの現象の理解に役立つ．

　これまでに，体積 (V)，圧力 (P)，温度 (T)，エントロピー (S) という4種類の状態量と，内部エネルギー (U)，エンタルピー (H)，ヘルムホルツの自由エネルギー (A)，ギブズの自由エネルギー (G) という4種類の状態関数を学んだ．状態関数は状態量を変数とするので，状態量でもある．状態関数が状態量のどのような関数になっているかを調べてみよう．たとえば，内部エネルギーの微小変化 dU を熱エネルギーの微小量と仕事エネルギーの微小量で表すと，熱力学第一法則から，$dU = \delta Q + \delta W$ となる．熱エネルギー δQ は温度とエントロピーを使って TdS で，仕事エネルギー δW は圧力と体積を使って $-PdV$ でおきかえることができるから，内部エネルギーの微小変化は次のようになる．

$$dU = TdS - PdV \qquad (10 \cdot 1)$$

　一方，エンタルピーの定義は $H = U + PV$ だから，関数の積の微分の公式 $((f \cdot g)' = f' \cdot g + f \cdot g')$ を利用して，

$$dH = dU + VdP + PdV \qquad (10 \cdot 2)$$

表 10・1　状態関数の全微分と偏微分

	全微分	偏微分	
内部エネルギー	$dU = TdS - PdV$	$\left(\dfrac{\partial U}{\partial S}\right)_V = T$	$\left(\dfrac{\partial U}{\partial V}\right)_S = -P$
エンタルピー	$dH = TdS + VdP$	$\left(\dfrac{\partial H}{\partial S}\right)_P = T$	$\left(\dfrac{\partial H}{\partial P}\right)_S = V$
ヘルムホルツの自由エネルギー	$dA = -PdV - SdT$	$\left(\dfrac{\partial A}{\partial T}\right)_V = -S$	$\left(\dfrac{\partial A}{\partial V}\right)_T = -P$
ギブズの自由エネルギー	$dG = VdP - SdT$	$\left(\dfrac{\partial G}{\partial T}\right)_P = -S$	$\left(\dfrac{\partial G}{\partial P}\right)_T = V$

となる．(10・1) 式を (10・2) 式に代入すれば，

$$dH = TdS + VdP \tag{10・3}$$

となる．同様にして，ヘルムホルツの自由エネルギー $(A = U - TS)$ は，

$$dA = -PdV - SdT \tag{10・4}$$

ギブズの自由エネルギー $(G = H - TS)$ は，

$$dG = VdP - SdT \tag{10・5}$$

となる．エネルギーの微小変化を**表 10・1** にまとめた．

また，ある状態量の値が一定のときの状態関数の偏微分*の関係も示した．たとえば，(10・5) 式で，圧力が一定 ($dP = 0$) では，

$$dG = -SdT \tag{10・6}$$

となる．そして，この式から，

$$\left(\dfrac{\partial G}{\partial T}\right)_P = -S \tag{10・7}$$

---

*　複数の変数をもつ関数を考えるとき，一つの変数を除いて他の変数を定数として微分したものをその変数の偏微分という．また，ある状態関数 f が x と y を変数とする関数の場合，その全微分は，$df = \left(\dfrac{\partial f}{\partial x}\right)_y dx + \left(\dfrac{\partial f}{\partial y}\right)_x dy$ で表される．第一項の dx の係数は，y を定数としたときの f の x に対する偏微分である．また，y が定数の場合，$df = \left(\dfrac{\partial f}{\partial x}\right)_y dx$ だから，$\dfrac{df}{dx} = \left(\dfrac{\partial f}{\partial x}\right)_y$ となる．

が得られる．左辺の括弧の中はギブズの自由エネルギーの温度に関する偏微分を表し，添え字の P は圧力一定の条件を表している．d の代わりに ∂ を用いた理由は，変数の一つである P を定数と考えたからである．同様に温度一定 $(\mathrm{d}T = 0)$ では，(10・5) 式は，

$$\mathrm{d}G = V\mathrm{d}P \qquad (10\cdot 8)$$

となるから，次の式が得られる．

$$\left(\frac{\partial G}{\partial P}\right)_T = V \qquad (10\cdot 9)$$

さらに，温度 T 一定で，(10・7) 式の両辺を圧力 P で偏微分すると，

$$\left(\frac{\partial}{\partial P}\left(\frac{\partial G}{\partial T}\right)_P\right)_T = -\left(\frac{\partial S}{\partial P}\right)_T \qquad (10\cdot 10)$$

となる．また，圧力 P 一定で，(10・9) 式を温度 T で偏微分すると，

$$\left(\frac{\partial}{\partial T}\left(\frac{\partial G}{\partial P}\right)_T\right)_P = \left(\frac{\partial V}{\partial T}\right)_P \qquad (10\cdot 11)$$

となる．(10・10) 式も (10・11) 式も，左辺は同じ $\left(\frac{\partial^2 G}{\partial T \partial P}\right)_{T,P}$ だから，両式の右辺は等しいはずである．

$$-\left(\frac{\partial S}{\partial P}\right)_T = \left(\frac{\partial V}{\partial T}\right)_P \qquad (10\cdot 12)$$

他の状態量についても同様の関係式を求めることができ，

$$-\left(\frac{\partial T}{\partial V}\right)_S = \left(\frac{\partial P}{\partial S}\right)_V, \quad \left(\frac{\partial T}{\partial P}\right)_S = \left(\frac{\partial V}{\partial S}\right)_P, \quad \left(\frac{\partial S}{\partial V}\right)_T = \left(\frac{\partial P}{\partial T}\right)_V \qquad (10\cdot 13)$$

が得られる．四つの状態量 (V, P, T, S) の間に成り立つ (10・12) および (10・13) の四つの式を**マクスウェルの関係式**という．

例題 1 自由エネルギーの微小変化について，以下の問いに答えよ．

(1) ヘルムホルツの自由エネルギーの微小変化を表す式 $\mathrm{d}A = -P\mathrm{d}V - S\mathrm{d}T$ を導出せよ．

(2) ギブズの自由エネルギーの微小変化を表す式 $\mathrm{d}G = V\mathrm{d}P - S\mathrm{d}T$ を導出せよ．

解答 (1):ヘルムホルツの自由エネルギーの定義は $A = U - TS$ である.両辺の全微分をとると,$dA = dU - TdS - SdT$ となる.dU は $TdS - PdV$ だから,これを代入すると,$dA = TdS - PdV - TdS - SdT = -PdV - SdT$ となる.

解答 (2):ギブズの自由エネルギーの定義は $G = H - TS$ である.両辺の全微分をとると,$dG = dH - TdS - SdT$ となる.dH は $TdS + VdP$ だから,これを代入すると,$dG = TdS + VdP - TdS - SdT = VdP - SdT$ となる.

例題 2 マクスウェルの関係式について,以下の問いに答えよ.

(1) $\left(\dfrac{\partial T}{\partial P}\right)_S = \left(\dfrac{\partial V}{\partial S}\right)_P$ を導出せよ.

(2) $\left(\dfrac{\partial S}{\partial V}\right)_T = \left(\dfrac{\partial P}{\partial T}\right)_V$ を導出せよ.

解答 (1):表 10・1 より,$\left(\dfrac{\partial H}{\partial S}\right)_P = T$ である.エントロピー一定の条件で,この式の両辺を圧力で偏微分すると,$\left(\dfrac{\partial}{\partial P}\left(\dfrac{\partial H}{\partial S}\right)_P\right)_S = \left(\dfrac{\partial T}{\partial P}\right)_S$ となる.また,圧力一定の条件で,$\left(\dfrac{\partial H}{\partial P}\right)_S = V$ の両辺をエントロピーで偏微分すると,$\left(\dfrac{\partial}{\partial S}\left(\dfrac{\partial H}{\partial P}\right)_S\right)_P = \left(\dfrac{\partial V}{\partial S}\right)_P$ となる.両式の左辺は同じ $\left(\dfrac{\partial^2 H}{\partial S \partial P}\right)_{S,P}$ である.したがって,両式の右辺は等しいから,$\left(\dfrac{\partial T}{\partial P}\right)_S = \left(\dfrac{\partial V}{\partial S}\right)_P$ が得られる.

解答 (2):表 10・1 より,$\left(\dfrac{\partial A}{\partial T}\right)_V = -S$,$\left(\dfrac{\partial A}{\partial V}\right)_T = -P$ である.解答 (1) と同様にして,$\left(\dfrac{\partial}{\partial V}\left(\dfrac{\partial A}{\partial T}\right)_V\right)_T = -\left(\dfrac{\partial S}{\partial V}\right)_T$ と $\left(\dfrac{\partial}{\partial T}\left(\dfrac{\partial A}{\partial V}\right)_T\right)_V = -\left(\dfrac{\partial P}{\partial T}\right)_V$ が得られる.両式の左辺は同じ $\left(\dfrac{\partial^2 A}{\partial T \partial V}\right)_{T,V}$ であり,したがって,両式の右辺は等しいから,$\left(\dfrac{\partial S}{\partial V}\right)_T = \left(\dfrac{\partial P}{\partial T}\right)_V$ が得られる.

例題 3 等温過程で理想気体の体積を V_1 から V_2 にするときのエントロピーの変化量は $nR\ln(V_2/V_1)$ である．これをマクスウェルの関係式から導け．

解答：等温過程で体積が変化したときのエントロピー変化を求めるためには，$\left(\dfrac{\partial S}{\partial V}\right)_T$ を考えればよい．マクスウェルの関係式の一つは $\left(\dfrac{\partial S}{\partial V}\right)_T = \left(\dfrac{\partial P}{\partial T}\right)_V$ なので，$dS = \left(\dfrac{\partial P}{\partial T}\right)_V dV$ と変形し，両辺を積分すれば $\Delta S = \displaystyle\int_{S_1}^{S_2} dS = \int_{V_1}^{V_2} \left(\dfrac{\partial P}{\partial T}\right)_V dV$ となる．理想気体では $PV = nRT$ が成り立つから，V を定数とみなして，この式の両辺を T で微分すると，$\left(\dfrac{\partial P}{\partial T}\right)_V = nR/V$ が得られる．したがって，$\Delta S = \displaystyle\int_{V_1}^{V_2}(nR/V)dV = nR\ln(V_2/V_1)$ となって，第 8 章で求めた表 8・1 の式と一致する．

例題 4 大気圧下で，ギブズの自由エネルギーの温度依存性について，以下の問いに答えよ．
(1) 縦軸にギブズの自由エネルギー，横軸に温度をとってグラフで表すと，その傾きは状態量を使ってどのような式で表されるか．
(2) 氷と水と水蒸気を比べると，傾きの大きさはどのような順番になるか．
(3) グラフを定性的に描き，融点と沸点を示せ．
(4) グラフを使って，過冷却液体について説明せよ．

解答 (1)：傾きは，圧力一定でギブズの自由エネルギーの温度変化のことである．したがって，$\left(\dfrac{\partial G}{\partial T}\right)_P$ を調べればよい．これは表 10・1 からわかるように，$\left(\dfrac{\partial G}{\partial T}\right)_P = -S$ である．つまり，エントロピーがどのように変化するかを調べればよい．

解答 (2)：第 9 章で説明したように，氷よりも水，水よりも水蒸気のほうがエントロピーは大きい．したがって，解答 (1) より，氷よりも水，水よりも水蒸気のほうが傾きは大きい．ただし，符号が負なので，右下がりのグラフになる．

解答 (3)：解答 (2) の結果を定性的にグラフで表せば，**図 10・1** のようになる．融点は固体を表す線と液体を表す線の交点の温度，沸点は液体を表す線と気体を表す線の交点の温度となる．

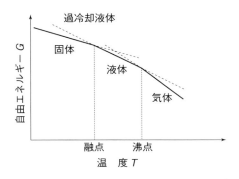

図 10・1 水の自由エネルギーの温度変化の概略図

解答 (4)：**過冷却液体**とは，融点よりも温度が低く，刺激を与えると一瞬にして固体になる液体のことである．図 10・1 に示したように，融点以下の温度では液体を表す破線よりも固体を表す実線のほうが低いので，普通は自由エネルギーの低い固体になる．しかし，うまく工夫をして液体の温度を下げると，破線にそって変化し，液体のまま融点以下の温度になる．刺激を与えると破線から実線に移り，自由エネルギーの差が熱となって放出される．触っていると暖かいのでエコカイロとして使われている（成分は酢酸ナトリウム水溶液）．

例題 5 温度一定で，ギブズの自由エネルギーの圧力依存性について，以下の問いに答えよ．
(1) 縦軸にギブズの自由エネルギー，横軸に圧力をとってグラフで表すと，その傾きは状態量を使ってどのような式で表されるか．
(2) 氷と水と水蒸気を比べると，傾きの大きさはどのような順番になるか．
(3) グラフを定性的に描き，凝華圧と融解圧を示せ．
(4) 相図を使って，圧力を上げたときの変化を説明せよ．

解答 (1)：傾きは，温度一定でギブズの自由エネルギーの圧力変化であり，表 10・1 より，$\left(\dfrac{\partial G}{\partial P}\right)_T = V$ である．つまり，体積がどのように変化するかを調べればよい．

解答 (2)：氷のモル体積（約 20 cm^3 mol^{-1}）は水（約 18 cm^3 mol^{-1}）よりも大きく，水蒸気のモル体積（約 23 dm^3 mol^{-1}）は氷や水よりもおよそ 1000 倍も大きい．した

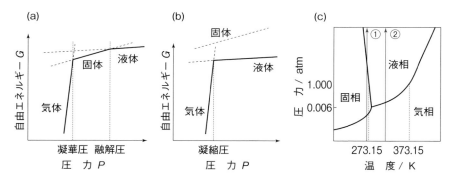

図 10・2 水の相図と自由エネルギーの圧力変化の模式図

がって，解答(1)より，水蒸気の傾きが最も大きく，次に，氷，水の順番になる．符号が正であるから，右上がりのグラフになる．

解答 (3)：解答(2)の結果を定性的にグラフで表せば，**図 10・2** のようになる．三重点よりも低い温度では (**図 10・2 (a)**)，気体を表す線と固体を表す交点の圧力が凝華圧である．固体を表す線と液体を表す交点の圧力が融解圧である．三重点よりも高い温度では (**図 10・2 (b)**)，気体を表す線と液体を表す線のみが交わる．つまり，圧力を上げても，気体が液体になるだけで固体にはならない．固体は柔軟性がなく，エネルギーは相対的に液体，気体よりも高くなるからである．

解答 (4)：縦軸に圧力，横軸に温度をとって表した相図 (**図 10・2 (c)**) では，温度は一定なので，縦に書いた矢印に沿った変化に対応する．三重点よりも低い温度では，①の矢印で示すように，気体の圧力を上げると昇華圧曲線と交わる圧力で固体と相平衡になり，さらに圧力を上げると融解曲線と交わる圧力で固体と液体が相平衡になる．一方，三重点よりも高い温度では，②の矢印で示すように，気体の圧力を上げると，蒸気圧曲線と交わる圧力で液体になるが，液体の圧力を上げても固体にはならない．氷の融解曲線が右下がりになっているからである．

例題 6 水の相図の融解曲線と蒸気圧曲線について，以下の問いに答えよ．
(1) 融解曲線の傾きを体積の変化量，エンタルピーの変化量と温度で表せ．
(2) 融解曲線は右上がりか，右下がりか．氷と水の体積の違いとマクスウェルの

関係式で考えよ．
(3) 蒸気圧曲線の傾きを圧力，温度とエンタルピーの変化量で表せ．ただし，気体は 1 mol の理想気体とする．
(4) 蒸気圧の対数 ($\ln P$) が温度の逆数 ($1/T$) に比例することを示せ．
(5) 蒸気圧曲線は右上がりか，右下がりか．

解答 (1)：融解曲線の傾きは dP/dT で表される．マクスウェルの関係式の一つは $\left(\dfrac{\partial S}{\partial V}\right)_T = \left(\dfrac{\partial P}{\partial T}\right)_V$ だから，エントロピーの変化量と体積の変化量を使うと，$dP/dT = \Delta S/\Delta V$ となる．ここで，融解曲線では固相と液相の相平衡であり，相平衡では自由エネルギーに差があってはならないから $\Delta G = \Delta H - T\Delta S = 0$，すなわち，$\Delta S$ は $\Delta H/T$ に等しい．したがって，$dP/dT = \Delta H/(T\Delta V)$ となる．ここで，ΔH は融解エンタルピーである．この式を**クラペイロンの式**という．

解答 (2)：氷が融けて水になるときには熱エネルギーが必要なので，融解エンタルピー ΔH は正の値である．一方，水の体積は氷の体積に比べて小さいから，ΔV は負の値である．そうすると，解答 (1) で求めたクラペイロンの式の右辺の符号は負になり，融解曲線の傾きは右下がりになることがわかる．

解答 (3)：気体の体積は液体の体積に比べておよそ 1000 倍も大きい．そこで，クラペイロンの式で，気体の体積に比べて液体の体積を無視できると近似して，体積変化 ΔV を気体の体積 V で置き換えると，$dP/dT = \Delta H/(TV)$ となる．ここで，ΔH は蒸発エンタルピーである．さらに，水蒸気が 1 mol の理想気体であると仮定するならば，状態方程式 $PV = RT$ から $1/V = P/RT$ を代入して，$dP/dT = P\Delta H/(RT^2)$ となる．これを**クラペイロン-クラウジウスの式**という．

解答 (4)：解答 (3) より，クラペイロン-クラウジウスの式の両辺を蒸気圧 P で割り算すると，$(1/P)dP/dT = \Delta H/(RT^2)$ となる．dT を右辺に移動して積分すると，$\ln P = -(\Delta H/R)(1/T)$ となり，蒸気圧の対数が温度の逆数に比例することがわかる．なお，比例定数は $-(\Delta H/R)$ である（積分定数は省略した）．

解答 (5)：水が蒸発して水蒸気になるときには熱エネルギーが必要なので，蒸発エンタルピー ΔH は正の値である．そうすると，解答 (3) のクラペイロン-クラウジウスの式の右辺は正になり，蒸気圧曲線は右上がりになることがわかる．

この章のまとめ

1. 内部エネルギー，エンタルピー，ヘルムホルツの自由エネルギー，ギブズの自由エネルギーの微小変化量は，体積，圧力，温度，エントロピーの微小変化量で表すことができる（$dU = TdS - PdV$, $dH = TdS + VdP$, $dA = -PdV - SdT$, $dG = VdP - SdT$）．

2. 体積，圧力，温度，エントロピーの間には4種類のマクスウェルの関係式がある $\left(-\left(\frac{\partial T}{\partial V}\right)_S = \left(\frac{\partial P}{\partial S}\right)_V,\ \left(\frac{\partial T}{\partial P}\right)_S = \left(\frac{\partial V}{\partial S}\right)_P,\ \left(\frac{\partial S}{\partial V}\right)_T = \left(\frac{\partial P}{\partial T}\right)_V,\ -\left(\frac{\partial S}{\partial P}\right)_T = \left(\frac{\partial V}{\partial T}\right)_P\right)$．

3. 圧力一定で，ギブズの自由エネルギーの温度依存性は，負の符号をつけたエントロピーに等しい $\left(\left(\frac{\partial G}{\partial T}\right)_P = -S\right)$．

4. ギブズの自由エネルギーの温度依存性は，氷，水，水蒸気の順番に大きくなる．

5. 温度一定で，ギブズの自由エネルギーの圧力依存性は，体積に等しい $\left(\left(\frac{\partial G}{\partial P}\right)_T = V\right)$．

6. ギブズの自由エネルギーの圧力依存性は，水，氷，水蒸気の順番に大きくなる．

7. 融解曲線の傾きは融解エンタルピーに比例し，液体と固体の体積の差と温度に反比例する $\left(\frac{dP}{dT} = \frac{\Delta H}{T\Delta V}\right)$．これをクラペイロンの式という．

8. 水の体積の方が氷より小さいので，氷の融解曲線の傾きは負になり，右下がりとなる．普通の物質は液体の体積の方が固体の体積よりも大きいので，融解曲線は右上がりとなる．

9. 蒸気圧曲線の傾きは圧力と蒸発エンタルピーに比例し，温度の2乗に反比例する $\left(\frac{dP}{dT} = \frac{P\Delta H}{RT^2}\right)$．これをクラペイロン-クラウジウスの式という．

10. 蒸発エンタルピーの符号は正なので，蒸気圧曲線の傾きは正となり，右上がりになる．

演習問題

1. 1 atm，1 mol のドライアイスと 1 mol の二酸化炭素では，どちらのエントロピーが大きいか．

2. 右の二酸化炭素の相図を参考にして，圧力 1 atm で (①)，二酸化炭素のギブズの自由エネルギーの温度依存性について，グラフを描け．

3. 圧力 6 atm で (②)，二酸化炭素のギブズの自由エネルギーの温度依存性について，グラフを描け．

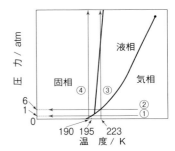

4. 1 mol のドライアイスと 1 mol の二酸化炭素では，どちらの体積が大きいか．

5. 温度 223 K で (③)，二酸化炭素のギブズの自由エネルギーの圧力依存性について，グラフを描け．

6. 温度 190 K で (④)，二酸化炭素のギブズの自由エネルギーの圧力依存性について，グラフを描け．

7. 二酸化炭素の融解曲線の傾きは右上がりである．その理由をクラペイロンの式から説明せよ．

8. 水の蒸気圧は 313 K で 55.33 Torr，353 K で 355.26 Torr である．気体定数 R を 8.314 J K^{-1} mol^{-1} として，水が水蒸気になるときの蒸発エンタルピーを，クラペイロン–クラウジウスの式を利用して求めよ．なお，1 atm = 760 Torr である．例題 6 の解答 (4) を参照．

コラム ⑩
二酸化炭素と窒素，酸素との衝突

　赤外線を吸収して激しく振動する二酸化炭素が，窒素や酸素と衝突して運動エネルギーを渡したらどうなるだろうか．この場合には，確かに，窒素や酸素の運動エネルギーは増えたことになり，気温が上がったということができる．しかし，現在の大気では，二酸化炭素はわずかに 0.04 % であり，それ以外の 99.96 % の窒素や酸素の運動エネルギーを増やすことは容易ではない．むしろ，逆の過程も可能である．どういうことかというと，激しく運動する窒素や酸素がゆっくり振動する二酸化炭素に衝突して，運動エネルギーを渡したとする．二酸化炭素は激しく振動するようになるが，赤外線を放射すれば再びゆっくり振動するようになる．このように考えると，窒素や酸素の運動エネルギーが減ったことになり，結果的に窒素や酸素を主な構成成分とする大気の温度は下がったことになる．（コラム 11 に続く）

第 *11* 章
カルノーサイクルと熱効率

　熱エネルギーを仕事エネルギーに変える装置を熱機関という．理想的な熱機関の代表がカルノーサイクルである．カルノーサイクルは可逆過程を仮定して，等温過程 → 断熱過程 → 等温過程 → 断熱過程を経て，もとの状態にもどる熱機関である．すべての熱エネルギーをすべての仕事エネルギーに変換できれば，永久機関をつくることができるが，これは現実には不可能であることが証明されている．与えられた熱エネルギーがどのくらい仕事エネルギーに変換できるか，その割合を示すものが熱効率である．

　熱エネルギーを仕事エネルギーに変える装置を**熱機関**という．火力発電所では，石炭とか天然ガスを燃やして熱エネルギーを得て，その熱エネルギーを水に与えて水蒸気にして，水蒸気のエネルギーでタービンを回して電気エネルギーに変えている．もしも，熱エネルギーではなく，つくった電気エネルギーを使ってタービンを回すと，永遠に繰返し動き続ける機関（これを**第一種永久機関という**）ができる可能性がある．しかし，実際には摩擦熱や電気抵抗などがあり，これは不可能である．あるいは，水が氷になると熱エネルギーが放出されるので，その熱エネルギーを仕事エネルギーに変換する機関（これを**第二種永久機関**という）ができる可能性がある．しかし，人間が外界から仕事をしない限り，自然に水が氷になることは不可能である．それでも，このような永久機関をつくろうとする思考努力によって，熱力学は発展したと考えてもよい．

　カルノーサイクルは等温過程と断熱過程（第3章を参照）を組合わせた循環過程である（図 11・1）．外界との間で熱エネルギーや仕事エネルギーをやりと

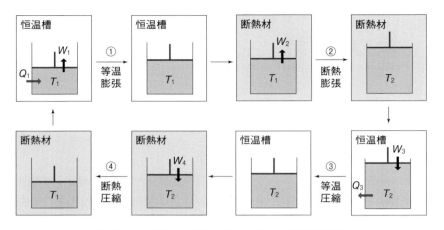

図 11・1　ピストンを使ったカルノーサイクルの説明

りすることによって，この循環過程が可能となる．また，無限にゆっくり変化させる準静的過程（第 3 章を参照）を考えているので，逆向きに循環させることも可能である．つまり，可逆過程である．

体積—圧力のグラフでカルノーサイクルを表してみると，**図 11・2** のようになる．最初の A 点 (V_1, P_1, T_1, S_1) から B 点 (V_2, P_2, T_1, S_2) への変化 ① は温度 T_1 が一定の等温過程である．B 点から C 点 (V_3, P_3, T_2, S_2) への変化 ② はエントロピー S_2 が一定の断熱過程である．C 点から D 点 (V_4, P_4, T_2, S_1) への変化 ③ は温度 T_2 が一定の等温過程である．D 点から A 点への変化 ④ はエントロピー S_1 が一定の断熱過程である．四つの過程で囲まれた図形の面積が循環で

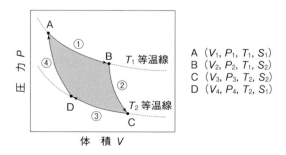

図 11・2　カルノーサイクルでの状態量の値の変化

行った仕事の大きさを表す．

　カルノーサイクルでは，循環してもとの A 点にもどったときには同じ状態だから，状態量は変わらない．つまり，内部エネルギーの変化量は 0 である．そうすると，熱力学第一法則から，

$$\Delta U = (Q_1 + W_1) + (0 + W_2) + (Q_3 + W_3) + (0 + W_4) = 0 \quad (11 \cdot 1)$$

が成り立つ．したがって，

$$Q_1 + Q_3 = -(W_1 + W_2 + W_3 + W_4) \quad (11 \cdot 2)$$

となる．$Q_1 (>0)$ は系が外界からもらった熱エネルギー，$Q_3 (<0)$ は外界へ放出した熱エネルギーである．

　外界からもらった熱エネルギーのうち，どのくらいを仕事エネルギーに変換できたかを表す割合が**熱効率** η（イータ）であり，次のように定義される．

$$\eta = \frac{-(W_1 + W_2 + W_3 + W_4)}{Q_1} = \frac{Q_1 + Q_3}{Q_1} \quad (11 \cdot 3)$$

ただし，小数ではなく％で表す．

　第 8 章で説明したように，等温可逆過程の場合には熱エネルギーとエントロピーの間に $\Delta S = Q/T$ の関係がある．循環してもとの A 点にもどったときにはエントロピーの変化量は 0 だから，① と ③ のエントロピーの変化量の和は 0 であり，

$$\Delta S = Q_1/T_1 + Q_3/T_2 = 0 \quad (11 \cdot 4)$$

が成り立つ．すなわち，$Q_3 = -Q_1(T_2/T_1)$ である．したがって，熱効率は，

$$\eta = \frac{Q_1 + Q_3}{Q_1} = \frac{T_1 - T_2}{T_1} \quad (11 \cdot 5)$$

となる．温度の高い熱源 (T_1) と温度の低い熱源 (T_2) の温度差が大きければ大きいほど，カルノーサイクルの熱効率は上がる．もしも，熱源が一つしかないとき，つまり，$T_2 = T_1$ のときには，熱効率は 0 になってしまう（熱機関は仕事をしない）．また，熱効率を 100％にするためには，T_2 が絶対零度（0 K）にならなければならない．これ（第二種永久機関）は現実には不可能である．

なお，可逆過程の場合には (11・5) 式が成り立ち，これを**最大効率**というが，実際の熱機関の熱効率は最大効率よりも小さくなる．

例題 1 カルノーサイクルの ① の等温過程について，以下の問いに答えよ．ただし，n mol の理想気体とする．
(1) 仕事エネルギーを求めよ．
(2) 熱エネルギーを求めよ．
(3) エントロピーの変化量を求めよ．
(4) 内部エネルギーの変化量を求めよ．
(5) エンタルピーの変化量を求めよ．
(6) 自由エネルギーの変化量を温度とエントロピーで表せ．

解答 (1)：① の過程は A 点 (V_1, P_1, T_1, S_1) から B 点 (V_2, P_2, T_1, S_2) への変化である．等温過程での仕事エネルギーは，理想気体の状態方程式を利用すると，
$$W_1 = -\int_{V_1}^{V_2} P dV = -\int_{V_1}^{V_2} \frac{nRT_1}{V} dV = -nRT_1 \int_{V_1}^{V_2} \frac{1}{V} dV = -nRT_1 (\ln V_2 - \ln V_1)$$
$= -nRT_1 \ln(V_2/V_1)$ となる．

解答 (2)：等温過程では内部エネルギーは変わらないから，$\Delta U = Q_1 + W_1 = 0$ が成り立つ．したがって，解答 (1) の結果より，$Q_1 = -W_1 = nRT_1 \ln(V_2/V_1)$ となる．

解答 (3)：エントロピーの変化量は $\Delta S_1 = Q_1/T_1$ で表される．したがって，解答 (2) の結果より，$\Delta S_1 = nR \ln(V_2/V_1)$ となる．

解答 (4)：温度が一定だから，内部エネルギーの変化量は 0 である．

解答 (5)：エンタルピーの変化量は $\Delta H = \Delta U + \Delta(PV)$ で定義される．また，理想気体の状態方程式 $PV = nRT$ が成り立つとすると，$\Delta(PV) = nR\Delta T = 0$ である．したがって，$\Delta H_1 = 0 + 0 = 0$ となる．

解答 (6)：自由エネルギーは $G = H - TS$ で定義される．温度一定で，自由エネルギーの変化量は $\Delta G = \Delta H - T\Delta S$ で表されるから，$\Delta G_1 = -T_1(S_2 - S_1)$ となる．

例題2 カルノーサイクルの ② の断熱過程について，以下の問いに答えよ．ただし，n mol の理想気体とする．

(1) 仕事エネルギーを求めよ．
(2) 熱エネルギーを求めよ．
(3) エントロピーの変化量を求めよ．
(4) 内部エネルギーの変化量を求めよ．
(5) エンタルピーの変化量を求めよ．
(6) 自由エネルギーの変化量を温度とエントロピーで表せ．

解答 (1)：② の過程は B 点 (V_2, P_2, T_1, S_2) から C 点 (V_3, P_3, T_2, S_2) への変化である．断熱過程での仕事エネルギーは，ポアソンの関係式を利用すると（表3・1），
$$W_2 = -\int_{V_2}^{V_3} P dV = \frac{1}{\gamma - 1}(P_3 V_3 - P_2 V_2) = \frac{nR}{\gamma - 1}(T_2 - T_1) \quad \text{となる．}$$

解答 (2)：断熱過程なので，熱エネルギーは 0 である．

解答 (3)：熱エネルギーが与えられていないので，エントロピーの変化量は 0 である．

解答 (4)：内部エネルギーの変化量は，熱エネルギーが 0 なので，仕事エネルギーに等しい．つまり，$\Delta U_2 = \dfrac{nR}{\gamma - 1}(T_2 - T_1)$ である．$\gamma = C_p / C_V$ と $C_p - C_V = nR$ を代入すると，$\Delta U_2 = \dfrac{nRC_V}{C_p - C_V}(T_2 - T_1) = C_V(T_2 - T_1)$ となる．

解答 (5)：例題1の解答 (5) と同様にして，$\Delta H_2 = \Delta U_2 + \Delta(PV) = \Delta U_2 + nR\Delta T = \dfrac{nR}{\gamma - 1}(T_2 - T_1) + nR(T_2 - T_1) = \dfrac{nR\gamma}{\gamma - 1}(T_2 - T_1)$ となる．$\gamma = C_p/C_V$ と $C_p - C_V = nR$ を代入すると，$\Delta H_2 = \dfrac{nRC_p}{C_p - C_V}(T_2 - T_1) = C_p(T_2 - T_1)$ となる．

解答 (6)：自由エネルギーは $G = H - TS$ で定義される．エントロピーが一定のときには，$\Delta G = \Delta H - S\Delta T$ となるから，$\Delta G_2 = C_p(T_2 - T_1) - S_2(T_2 - T_1)$ である．

例題 3 カルノーサイクルの ③ の等温過程について，以下の問いに答えよ．ただし，n mol の理想気体とする．
(1) 仕事エネルギーを求めよ．
(2) 熱エネルギーを求めよ．
(3) エントロピーの変化量を求めよ．
(4) 内部エネルギーの変化量を求めよ．
(5) エンタルピーの変化量を求めよ．
(6) 自由エネルギーの変化量を温度とエントロピーで表せ．

解答 (1)：③ の過程は C 点 (V_3, P_3, T_2, S_2) から D 点 (V_4, P_4, T_2, S_1) への変化である．例題 1 の解答で示したように，仕事エネルギーは，

$$W_3 = -\int_{V_3}^{V_4} P dV - \int_{V_3}^{V_4} \frac{nRT_2}{V} dV = -nRT_2 \int_{V_3}^{V_4} \frac{1}{V} dV = -nRT_2(\ln V_4 - \ln V_3)$$
$$= -nRT_2 \ln(V_4/V_3) \text{ となる．}$$

解答 (2)：解答 (1) の結果より，$Q_3 = -W_3 = nRT_2 \ln(V_4/V_3)$ となる．

解答 (3)：解答 (2) の結果より，$\Delta S_3 = nR \ln(V_4/V_3)$ となる．

解答 (4)：等温過程なので $\Delta U_3 = 0$．

解答 (5)：例題 1 の解答 (5) と同様に $\Delta H_3 = 0$ となる．

解答 (6)：例題 1 の解答 (6) と同様に $\Delta G_3 = -T_2(S_1 - S_2)$ となる．

例題 4 カルノーサイクルの ④ の断熱過程について，以下の問いに答えよ．ただし，n mol の理想気体とする．
(1) 仕事エネルギーを求めよ．
(2) 熱エネルギーを求めよ．
(3) エントロピーの変化量を求めよ．
(4) 内部エネルギーの変化量を求めよ．
(5) エンタルピーの変化量を求めよ．
(6) 自由エネルギーの変化量を温度とエントロピーで表せ．

解答 (1)：④ の過程は D 点 (V_4, P_4, T_2, S_1) から A 点 (V_1, P_1, T_1, S_1) への変化である．例題 2 の解答 (1) と同様に，$W_4 = -\int_{V_4}^{V_1} P dV = \dfrac{nR}{\gamma-1}(T_1 - T_2)$ となる．

解答 (2)：断熱過程なので，熱エネルギーは 0 である．

解答 (3)：熱エネルギーが 0 なので，エントロピー変化量 ΔS_4 は 0 である．

解答 (4)：例題 2 の解答 (4) と同様に，$\Delta U_4 = \dfrac{nR}{\gamma-1}(T_1 - T_2) = C_V(T_1 - T_2)$ となる．

解答 (5)：例題 2 の解答 (5) と同様に，エンタルピーの変化量は $\Delta H_4 = \Delta U_4 + \Delta(PV) = \Delta U_4 + nR\Delta T = \dfrac{nR}{\gamma-1}(T_1 - T_2) + nR(T_1 - T_2) = \dfrac{nR\gamma}{\gamma-1}(T_1 - T_2) = C_p(T_1 - T_2)$ となる．

解答 (6)：例題 2 の解答 (6) と同様に，$\Delta G_4 = C_p(T_1 - T_2) - S_1(T_1 - T_2)$ である．

例題 5 カルノーサイクルの状態量について，以下の問いに答えよ．ただし，n mol の理想気体とする．
(1) ①〜④ の過程のエントロピーの変化量の総和を求めよ．
(2) ①〜④ の過程のエンタルピーの変化量の総和を求めよ．
(3) ①〜④ の過程の自由エネルギーの変化量の総和を求めよ．

解答 (1)：エントロピーの変化量の総和は $\Delta S = \Delta S_1 + \Delta S_2 + \Delta S_3 + \Delta S_4 = nR\ln(V_2/V_1) + 0 + nR\ln(V_4/V_3) + 0 = nR\ln(V_2V_4/V_1V_3)$ となる．ポアソンの関係式より，過程 ② では $P_2V_2^\gamma = P_3V_3^\gamma$ が成り立ち，状態方程式 $PV = nRT$ を代入すると，$RT_1V_2^{\gamma-1} = RT_2V_3^{\gamma-1}$ となる．つまり，$T_1V_2^{\gamma-1} = T_2V_3^{\gamma-1}$ が成り立つ．同様に，過程 ④ では $T_2V_4^{\gamma-1} = T_1V_1^{\gamma-1}$ が成り立つ．両式の両辺を掛け算すると，$T_1V_2^{\gamma-1}T_2V_4^{\gamma-1} = T_2V_3^{\gamma-1}T_1V_1^{\gamma-1}$ となる．つまり，$(V_2V_4)^{\gamma-1} = (V_3V_1)^{\gamma-1}$ が成り立ち，$V_2V_4 = V_3V_1$ であることがわかる．したがって，$\ln(V_2V_4/V_1V_3) = \ln 1 = 0$ となり，$\Delta S = 0$ である．つまり，最初の平衡状態と最後の平衡状態が同じであり，変化がないことから，エントロピーが平衡状態によって決められる物理量，すなわち，状態量であることがわかる．

解答 (2)：エンタルピーの変化量の総和は $\Delta H = \Delta H_1 + \Delta H_2 + \Delta H_3 + \Delta H_4 = 0 + C_p(T_2 - T_1) + 0 + C_p(T_1 - T_2) = 0$ となる．エントロピーと同様に状態量であることがわかる．

解答 (3)：自由エネルギーの変化量は温度が変わらないときには，$\Delta G = \Delta H - T\Delta S$ で定義される．ΔH も ΔS も 0 だから，ΔG も 0 である．あるいは，$\Delta G = \Delta G_1 + \Delta G_2 + \Delta G_3 + \Delta G_4 = -T_1(S_2 - S_1) + C_p(T_2 - T_1) - S_2(T_2 - T_1) - T_2(S_1 - S_2) + C_p(T_1 - T_2) - S_1(T_1 - T_2) = 0$ となる．エントロピーやエンタルピーと同様に状態量であることがわかる．

例題 6 熱機関の熱効率について，以下の問いに答えよ．ただし，低温熱源は室温 (300 K) の大気とする．
(1) 温度 1000 K の高温熱源を利用する．
(2) 温度 500 K の高温熱源を利用する．
(3) 70 kJ の仕事をして，30 kJ の熱エネルギーを放出する．

解答 (1)：(11・5) 式より熱効率は $\eta = (T_1 - T_2)/T_1$ で与えられる．したがって，$\eta = (1000 - 300)/1000 = 0.7$ となる．つまり，熱効率は 70 % である．

解答 (2)：解答 (1) と同様に，$\eta = (500 - 300)/500 = 0.4$ となる．つまり，熱効率は 40 % である．

解答 (3)：高温熱源から得た熱エネルギーは $70 + 30 = 100$ kJ である．したがって，$\eta = 70/100 = 0.7$ となる．つまり，熱効率は 70 % である．

この章のまとめ

1. 熱エネルギーを仕事エネルギーに変える装置を熱機関という．
2. 外界からエネルギーを与えなくても，機関自身がつくるエネルギーで永遠に動き続ける機関を第一種永久機関という．
3. 機関自身が外界からエネルギーを取り出し，永遠に動き続ける機関を第二種永久機関という．
4. 第一種永久機関も第二種永久機関も不可能である．

5．カルノーサイクルは等温過程と断熱過程を組合わせた循環可逆過程である．
6．カルノーサイクルで一周したときの仕事エネルギーの大きさは，それぞれの過程を表す曲線で囲まれた面積に等しい．
7．カルノーサイクルで循環する間の状態量の変化量は0である．
8．熱効率 η は外界から得た熱エネルギー (Q) のうち，何%が外界に対する仕事エネルギー $(-W)$ に使われたかを表す $\left(\eta = \dfrac{-W}{Q}\right)$．
9．熱効率は高温熱源から得た熱エネルギー (Q_1) と低温熱源に放出した熱エネルギー $(-Q_3)$ で決まる $\left(\eta = \dfrac{Q_1 - (-Q_3)}{Q_1} = \dfrac{Q_1 + Q_3}{Q_1}\right)$．
10．熱効率は高温熱源の温度 (T_1) と低温熱源の温度 (T_2) で決まる $\left(\eta = \dfrac{T_1 - T_2}{T_1}\right)$．

演 習 問 題

1．低温熱源の温度が 0 ℃，高温熱源の温度が 100 ℃ の熱機関の熱効率を求めよ．
2．ある熱機関に 100 kJ の熱エネルギーを与えたところ，30 kJ の熱エネルギーが放出された．この熱機関の熱効率を求めよ．
3．図 11・3 のような循環可逆過程を考えるとき，以下の問いに答えよ．ただし，1 mol のヘリウムガスでできた理想気体 $(C_p = (5/2)R)$ とする．①〜④の熱力学的過程を何とよぶか (たとえば，断熱膨張過程)．

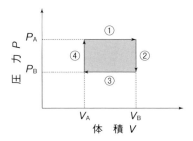

図 11・3　循環可逆過程の例

4. 問題3で, ①〜④の熱力学的過程の仕事エネルギーおよび一周する間の仕事エネルギーの総和を求めよ.
5. 問題3で, ①〜④の過程で囲まれた長方形の面積を求めよ. その大きさは何を表すか.
6. 問題3で, それぞれの熱力学的過程の熱エネルギーおよび一周する間の熱エネルギーの総和を求めよ.
7. 問題3で, 熱効率を体積と圧力で表せ.
8. 問題3で, 圧力を2 barから1 bar, 体積を10 Lから20 Lにして循環させたとすると, 熱効率は何％か.

コラム⓫

石炭, 石油を燃やせば, 熱が出る

18世紀後半に産業革命がイギリスで始まった. 大量の石炭が燃やされて水蒸気がつくられ, 水蒸気の力は人間の労働力の代わりとなった. 蒸気船や蒸気機関車など, その当時に発明された例を挙げればきりがない. その後, 電気の普及と需要の増加とともに, たくさんの火力発電所ができ, 石炭だけでなく大量の石油が燃やされるようになった. 石炭や石油を燃やしたときに発生するすべての熱エネルギーが, 機械の動力に使われているわけではない. 石炭, 石油を燃やせば, 当然, 熱エネルギーが大気に放出される. その結果, 熱エネルギーをもらった大気中の窒素や酸素は激しく運動するようになり, 当然, 気温は上がることになる. 一方, 石炭, 石油を燃やせば二酸化炭素も放出されるが, 二酸化炭素は衝突によって窒素や酸素にエネルギーを渡さないかぎり, 気温の上昇には寄与しない. (コラム12に続く)

第 12 章
化学平衡と化学ポテンシャル

　これまでは，ある平衡状態から別の平衡状態になるときに，**物質量は変化しない**と考えてきた．ここでは，**物質量が変化すると自由エネルギーがどのような影響を受けるか**について詳しく学ぶ．そのために，1 mol あたりの自由エネルギーを定義して，**化学ポテンシャル**とよぶ．**物質 A と物質 B が混ざって，ある一定のモル分率で平衡状態になるとき，A の化学ポテンシャルと B の化学ポテンシャルは等しくなる．**また，化学平衡ではモル分率の比は一定であり，これを平衡定数という．

　第 8 章では，2 種類の気体が混ざる場合に，それぞれの物質量は変化しないと考えた．もしも物質量が変化すると，状態関数はどのように変化するだろうか．ここでは，とくに，自由エネルギーに着目する．

　エネルギーは物質量に依存する示量性変数だから，1 mol あたりの自由エネルギーを定義しておくと便利である．それを**化学ポテンシャル**といい，記号は μ（ミュー）で表すことが多い．系が成分 A と成分 B の 2 種類で構成されているとすると，系全体の自由エネルギーは成分 A と成分 B の自由エネルギーを足し算して，

$$G = G_A + G_B = n_A \mu_A + n_B \mu_B \qquad (12 \cdot 1)$$

となる．ここで，n_A と n_B は成分 A と成分 B の物質量である．化学ポテンシャルはエントロピーを考慮した自由エネルギーなので，二つの成分がどのくらいの**モル比** (n_B/n_A) で混ざっているかに依存する．モル比が変われば微視的な状態数が変わるという意味である．**モル分率**（全体のモル数に対するそれぞれの成分のモル数）を，

$$x_A = \frac{n_A}{n_A + n_B}, \quad x_B = \frac{n_B}{n_A + n_B} \tag{12・2}$$

で定義し，また，混ざっていない純粋な成分の化学ポテンシャルを μ^* で定義すると，詳しいことは省略するが，混ぜたときの化学ポテンシャル μ は，

$$\mu = \mu^* + RT \ln(x) \tag{12・3}$$

で表される．モル分率 x は (12・2) 式からわかるように，必ず1より小さな値であり，その自然対数は負の値になる．したがって，混ぜたときの化学ポテンシャル μ は，純粋な成分の化学ポテンシャル μ^* よりも必ず小さくなる．つまり，混ざると乱雑さ（微視的な状態数）が増し，エントロピーが増加して，自由エネルギーが小さくなる．

化学反応が進んで時間が経てば，成分 A と成分 B のモル分率はある平衡状態で一定の値になる．このような状態を**化学平衡**という．化学平衡を理解するために，平衡状態から少しずれて，成分 A がわずかに dn モルだけ減少し，成分 B が dn だけ増加したとしよう．この場合の系全体の自由エネルギーの微小変化 dG は，

$$dG = (-dn)\mu_A + (dn)\mu_B \tag{12・4}$$

となる．つまり，物質量の変化に対する自由エネルギーの変化は，

$$\frac{\partial G}{\partial n} = \mu_B - \mu_A \tag{12・5}$$

となる（**図 12・1**）．自由エネルギーは物質量だけではなく，圧力や温度などの

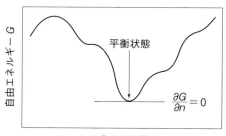

図 12・1　化学平衡と自由エネルギー

関数になっているので，全微分ではなく偏微分でその変化を表した．

化学平衡の状態になると，それぞれの成分の物質量の変化が起こらないから，自由エネルギーは極小値をとるはずである（図 12・1）．つまり，極小値では (12・5) 式の左辺がゼロだから，$\mu_A = \mu_B$ となる．これは「化学平衡の状態では，それぞれの成分の化学ポテンシャルが等しい」ことを意味している．そうすると，(12・3) 式から，

$$\mu_A{}^* + RT\ln(x_A) = \mu_B{}^* + RT\ln(x_B) \tag{12・6}$$

が得られる．そして，この式を変形して整理すれば，

$$\frac{x_B}{x_A} = \exp\left(-\frac{\mu_B{}^* - \mu_A{}^*}{RT}\right) \tag{12・7}$$

となる．ここで，$\mu_B{}^* - \mu_A{}^*$ は混ざっていない純粋な成分 B と純粋な成分 A の化学ポテンシャルの差だから，まさに，二つの成分の標準生成ギブズ自由エネルギーの差 $\Delta G (= \Delta_f G_B^\ominus - \Delta_f G_A^\ominus)$ のことである（標準生成ギブズ自由エネルギーは「1 mol あたり」で定義されているので，μ を G で置き換えた）．結局，(12・7) 式は次のように表される．

$$\frac{x_B}{x_A} = \exp\left(-\frac{\Delta G}{RT}\right) \tag{12・8}$$

化学平衡でのモル分率の比のことを**平衡定数**といい，記号を K で表す．平衡定数は**体積モル濃度** [A] および [B] を使って表すこともでき，次のようになる．

$$K_c = \frac{x_B}{x_A} = \frac{x_B/V}{x_A/V} = \frac{n_B/V}{n_A/V} = \frac{[B]}{[A]} = \exp\left(-\frac{\Delta G}{RT}\right) \tag{12・9}$$

K の添え字の c は濃度（concentration）を使った平衡定数という意味である．

もっと一般的に，次のような化学平衡を考えてみよう．

$$a\text{A} + b\text{B} + c\text{C} + \cdots \rightleftharpoons a'\text{A}' + b'\text{B}' + c'\text{C}' + \cdots \tag{12・10}$$

大文字のアルファベットは化学種を表し，小文字のアルファベットは**化学量論係数**といい，化学変化の前後の原子数が一致するように調整する係数を表す．この場合，モル濃度を使った平衡定数 K_c を求めたければ，

$$K_c = \frac{[A']^{a'}[B']^{b'}[C']^{c'}\cdots}{[A]^{a}[B]^{b}[C]^{c}\cdots} = \exp\left(-\frac{\Delta G}{RT}\right) \qquad (12\cdot 11)$$

となる．ここで，ΔG は (12・10) 式の右辺の生成物すべての標準生成ギブズ自由エネルギーと左辺の反応物すべての標準生成ギブズ自由エネルギーの差である．(12・11) 式からわかるように，温度 T が一定のときには平衡定数 K_c は一定になる．これを**化学平衡の法則**あるいは**質量作用の法則**という．なお，化学反応が進むにつれて系全体の物質量が変化することもあるので，モル分率の計算では注意が必要である．

例題 1 $A \rightleftharpoons B$ の化学平衡を考える．モル分率について，以下の問いに答えよ．

(1) 成分 A が 2 mol，成分 B が 5 mol 含まれているときのそれぞれのモル分率を求めよ．
(2) 成分 A が 7 mol，成分 B が 0 mol のとき，μ_A が μ_A^* に等しいことを示せ．
(3) モル分率の比がモル比に等しいことを示せ．
(4) モル分率の比が分圧比に等しいことを示せ．
(5) 体積 1 L の容器に 1 bar の窒素 1 L と 2 bar の酸素 1 L を混ぜたときのモル分率の比を求めよ．ただし，温度は変わらないとする．

解答 (1)：(12・2) 式に成分 A と成分 B の物質量を代入すると，$x_A = 2/(2+5) = 0.2857$，$x_B = 5/(2+5) = 0.7143$ となる．当然，$x_A + x_B = 1$ である．

解答 (2)：$x_A = 1$ だから，$\ln(x_A) = 0$．したがって，(12・3) 式は $\mu_A = \mu_A^*$ となる．

解答 (3)：モル分率の定義より，モル分率の比は，$x_B/x_A = \frac{n_B}{n_A + n_B} / \frac{n_A}{n_A + n_B} = n_B/n_A$ となる．つまり，モル比に等しい．

解答 (4)：分圧 p は全圧 P にモル分率を掛け算した値である．したがって，成分 A と成分 B のそれぞれの分圧は $p_A = Px_A$ と $p_B = Px_B$ である．結局，分圧の比は $p_B/p_A = Px_B/Px_A = x_B/x_A$ となって，モル分率の比に等しくなる．

解答 (5)：分圧とは一つの成分が単独で全体積を占めているときの圧力である．したがって，窒素の分圧は 1 bar，酸素の分圧は 2 bar である．これを解答 (4) に代入すれば，$x_B/x_A = 2/1 = 2$ となる．

例題 2 二酸化二窒素 (N_2O_2) にはトランス形とシス形がある．以下の問いに答えよ．

$$\underset{\text{トランス形}}{\overset{O}{\underset{O}{N-N}}} \rightleftharpoons \underset{\text{シス形}}{\overset{O\quad O}{N-N}}$$

(1) 温度 300 K で，トランス形のモル分率が 0.95 とする．シス形のモル分率を求めよ．
(2) 温度 300 K での平衡定数を求めよ．
(3) 温度 300 K での標準生成ギブズ自由エネルギーの差を求めよ．気体定数 R を $8.314\,\mathrm{J\,K^{-1}\,mol^{-1}}$ とする．
(4) 温度 400 K で，トランス形のモル分率が 0.90 とする．400 K での平衡定数を求めよ．
(5) 温度 400 K でのトランス形とシス形の標準生成ギブズ自由エネルギーの差を求めよ．
(6) トランス形とシス形のエンタルピーおよびエントロピーの差を求めよ．ただし，温度に依存しないとする．

解答 (1)：すべての成分のモル分率を足し算すると 1 になるから，シス形のモル分率は 0.05 である．

解答 (2)：(12・9) 式に解答 (1) を代入して，$K_c = \dfrac{[\text{シス形}]}{[\text{トランス形}]} = 0.05/0.95 = 0.05263$ となる．

解答 (3)：平衡定数と，標準生成ギブズ自由エネルギーの差との間には，$K_c = \exp(-\Delta G/RT)$ の関係式がある．したがって，$\Delta G = -RT\ln(K_c) = -8.314 \times 300 \times \ln(0.05263) = 7344\,\mathrm{J\,mol^{-1}}$ となる．

解答 (4)：解答 (2) と同様にして，$K_c = \dfrac{[\text{シス形}]}{[\text{トランス形}]} = 0.10/0.90 = 0.1111$ となる．

解答 (5)：解答 (3) と同様にして，$\Delta G = -RT\ln(K_c) = -8.314 \times 400 \times \ln(0.1111) = 7307\,\mathrm{J\,mol^{-1}}$ となる．

解答 (6)：化学平衡では $\Delta G = \Delta H - T\Delta S$ が成り立つから，解答 (3) の結果より，

300 K では，$7344 = \Delta H - 300 \times \Delta S$ となる．また，解答 (5) の結果より，400 K では，$7307 = \Delta H - 400 \times \Delta S$ となる．これらの連立方程式を解いて ΔH と ΔS を求めると，$\Delta H = 7455 \text{ J mol}^{-1}$，$\Delta S = 0.3700 \text{ J K}^{-1}\text{mol}^{-1}$ となる．

例題 3 理想気体の化学平衡 $a\text{A} + b\text{B} + c\text{C} \rightleftharpoons a'\text{A}' + b'\text{B}' + c'\text{C}'$ の平衡定数について，次の問いに答えよ．

(1) それぞれの成分の濃度を使って平衡定数 K_c を表せ．
(2) それぞれの成分の分圧を使って平衡定数 K_p を表せ．
(3) 理想気体の状態方程式を使って，分圧をモル濃度，気体定数と温度で表せ．
(4) 平衡定数 K_c と K_p の関係を求めよ．
(5) 反応物と生成物の合計の物質量が変化しないとき，すなわち，$a + b + c = a' + b' + c'$ のとき，K_c と K_p が等しいことを示せ．

解答 (1)：化学平衡の法則から，$K_c = \dfrac{[\text{A}']^{a'}[\text{B}']^{b'}[\text{C}']^{c'}}{[\text{A}]^{a}[\text{B}]^{b}[\text{C}]^{c}}$ となる．

解答 (2)：解答 (1) の濃度を分圧で置き換える．$K_p = \dfrac{(p_{\text{A}'})^{a'}(p_{\text{B}'})^{b'}(p_{\text{C}'})^{c'}}{(p_{\text{A}})^{a}(p_{\text{B}})^{b}(p_{\text{C}})^{c}}$ となる．

解答 (3)：たとえば，成分 A について，分圧を使った理想気体の状態方程式を考えると，$p_\text{A} V = n_\text{A} RT$ となる．両辺を体積 V で割り算すると，$p_\text{A} = (n_\text{A}/V) RT$ となる．n_A/V は体積モル濃度 $[\text{A}]$ のことだから，$p_\text{A} = [\text{A}] RT$ となる．

解答 (4)：解答 (3) の結果を解答 (1) の結果に代入すれば，$K_c = \dfrac{[\text{A}']^{a'}[\text{B}']^{b'}[\text{C}']^{c'}}{[\text{A}]^{a}[\text{B}]^{b}[\text{C}]^{c}}$
$= \dfrac{(p_{\text{A}'}/RT)^{a'}(p_{\text{B}'}/RT)^{b'}(p_{\text{C}'}/RT)^{c'}}{(p_{\text{A}}/RT)^{a}(p_{\text{B}}/RT)^{b}(p_{\text{C}}/RT)^{c}} = \dfrac{(p_{\text{A}'})^{a'}(p_{\text{B}'})^{b'}(p_{\text{C}'})^{c'}}{(p_{\text{A}})^{a}(p_{\text{B}})^{b}(p_{\text{C}})^{c}}(RT)^{(a+b+c)-(a'+b'+c')} =$
$K_P(RT)^{(a+b+c)-(a'+b'+c')}$ となる．化学量論係数は反応物から生成物を引き算していることに注意．

解答 (5)：$a + b + c = a' + b' + c'$ を解答 (4) の結果に代入すれば，$K_c = K_p(RT)^0 = K_p$ となる．

例題 4 二酸化窒素の二量体（N_2O_4）は，標準状態で二酸化窒素の単量体（NO_2）と平衡状態になっている（$\text{N}_2\text{O}_4 \rightleftharpoons 2\text{NO}_2$）．以下の問いに答えよ．

(1) それぞれの成分の濃度を使って平衡定数 K_c を表せ.
(2) 平衡定数 K_c と K_p の関係を求めよ.
(3) NO_2 と N_2O_4 の標準生成ギブズ自由エネルギーをそれぞれ $51.29\,\mathrm{kJ\,mol^{-1}}$ と $97.82\,\mathrm{kJ\,mol^{-1}}$ とする. 300 K で K_c を求めよ.

解答 (1): 質量作用の法則から, $K_c = [NO_2]^2/[N_2O_4]$ となる.

解答 (2): 1 mol の N_2O_4 が 2 mol の NO_2 になる. $K_c = K_p(RT)^{(1-2)} = K_p/RT$ となる.

解答 (3): 標準生成ギブズ自由エネルギーの差は $\Delta G = 2 \times \Delta_f G^\ominus_{NO_2} - \Delta_f G^\ominus_{N_2O_4} = 2 \times 51.29 - 97.82 = 4.76\,\mathrm{kJ\,mol^{-1}}$ と計算できる. したがって, 平衡定数は $K_c = \exp(-\Delta G/RT) = \exp\{-4760/(8.314 \times 300)\} = 0.1483$ となる.

例題 5 1 mol の分子 A_2 と 1 mol の分子 B_2 が反応して, 2 mol の分子 AB となり, 3 成分が平衡状態になっているとして, 以下の問いに答えよ.
(1) それぞれの成分の濃度を使って, 平衡定数 K_c および K_p を求めよ.
(2) 反応にともなう自由エネルギーの差を 0 と仮定したとき, 温度 298 K での平衡定数を求めよ.
(3) 温度 298 K で, 分子 A_2, 分子 B_2 および分子 AB の物質量を問題 (2) の平衡定数から求めよ.

解答 (1): 反応式は $A_2 + B_2 \rightleftharpoons 2AB$ である. したがって, 平衡定数は化学平衡の法則から, $K_c = [AB]^2/[A_2][B_2]$ となる. 反応物の物質量の合計と生成物の物質量が変わらないので, $K_p = K_c = [AB]^2/[A_2][B_2]$ となる.

解答 (2): 平衡定数は $K_p = K_c = \exp(-\Delta G/RT) = \exp\{-0/(8.314 \times 298)\} = 1$ となる.

解答 (3): x mol の分子 A_2 と x mol の分子 B_2 が反応して, $2x$ mol の分子 AB ができたとする. 全体の物質量は 2 mol で常に変わらないから, 平衡定数は平衡状態での物質量を使って表すことができる. つまり, $K_c = (2x)^2/(1-x)^2 = 1$ となる. 両辺の平方根をとると, $2x/(1-x) = 1$ となる. したがって, $x = 0.3333$. 分子 A_2 と分子 B_2 は $1-x = 0.6667$ mol, 分子 AB は $2x = 0.6667$ mol で, すべての物質量は同じになる.

この章のまとめ

1. 成分 A と成分 B が化学平衡 $A \rightleftharpoons B$ になっているとき，モル分率の比は物質量の比，あるいは濃度の比に等しい $\left(\dfrac{x_A}{x_B} = \dfrac{n_A}{n_B} = \dfrac{[A]}{[B]}\right)$．

2. 化学ポテンシャル μ は 1 mol あたりの自由エネルギーである．

3. 系全体の自由エネルギーは，それぞれの成分の物質量に化学ポテンシャルを掛け算した値の和である $(G = G_A + G_B = n_A \mu_A + n_B \mu_B)$．

4. 化学ポテンシャル μ はモル分率 x に依存し，$\mu = \mu^* + RT \ln(x)$ で表される．純粋な成分の化学ポテンシャル μ^* よりも必ず小さい．

5. 化学平衡の $A \rightleftharpoons B$ での成分 A と成分 B の化学ポテンシャルは等しい $(\mu_A = \mu_B)$．

6. 化学平衡 $A \rightleftharpoons B$ でのモル分率の比 (あるいは，物質量の比，濃度の比) を平衡定数という．

7. 平衡定数 K_c は成分 A と成分 B の標準生成ギブズ自由エネルギーの差 ΔG を使って表すことができる $\left(K_c = \dfrac{x_B}{x_A} = \exp\left\{-\dfrac{\Delta G}{RT}\right\}\right)$．

8. 一般の化学平衡 $aA + bB + cC + \cdots \rightleftharpoons a'A' + b'B' + c'C' + \cdots$ では，成分の濃度を用いた平衡定数は $K_c = \dfrac{[A']^{a'}[B']^{b'}[C']^{c'} \cdots}{[A]^a [B]^b [C]^c \cdots}$ で表される．これを化学平衡の法則，あるいは質量作用の法則という．

9. 成分の分圧を用いた平衡定数は，$K_p = \dfrac{(p_{A'})^{a'}(p_{B'})^{b'}(p_{C'})^{c'}}{(p_A)^a (p_B)^b (p_C)^c}$ で表される．

10. K_c と K_p の間には $K_c = K_p (RT)^{(a+b+c+\cdots)-(a'+b'+c'+\cdots)}$ の関係がある．

演習問題

1. 室温で，$2A + B \rightleftharpoons C$ の化学平衡状態では，K_c と K_p のどちらが大きいか．
2. 水素と窒素が反応してアンモニアが生成し，すべての気体が平衡状態になったとする．平衡定数 K_p はそれぞれの分圧を使ってどのように表されるか．
3. $A \rightleftharpoons B$ の化学平衡で，成分 A が 2 mol，成分 B が 3 mol とする．それぞれのモル分率を求めよ．
4. 問題 3 で，平衡定数を求めよ．
5. 問題 4 で，成分 A と成分 B の標準生成ギブズ自由エネルギーの差を求めよ．温度は 300 K とする．
6. 一酸化窒素と酸素が反応して二酸化窒素が生成し，すべての気体が平衡状態になったとする．ここで，窒素，酸素，一酸化窒素の標準エントロピーは 191.5, 205.0, 210.7 J K^{-1} mol^{-1} である．また，一酸化窒素の標準生成エンタルピーを 90.25 kJ mol^{-1} として，一酸化窒素の標準生成ギブズ自由エネルギーを求めよ．
7. 二酸化窒素の標準生成ギブズ自由エネルギーを 51.29 kJ mol^{-1} として，問題 6 の平衡定数を求めよ．
8. 問題 6 で，2 mol の一酸化窒素と 1 mol の酸素が反応して，x mol の二酸化窒素が生成して平衡状態になったとして，平衡定数を x で表せ．

コラム 12

人工的なエネルギーは大気を温める

火力発電所と同様に，原子力発電所でも膨大な熱エネルギーが放出されている．原子炉を冷却するためには膨大な水が必要である．使用済みの核燃料でさえも，長い期間，冷却し続けなければならない．熱エネルギーをもらった冷却水は温水となり，海に流されれば海水温はわずかに上がる．海水温が上がれば，海水に衝突する大気中の窒素，酸素の運動エネルギーはわずかに増える．つまり，気温が上がることになる．原子力発電所のエネルギーは，もとをただせば自然界にはなく，人工的に生み出された核分裂に伴うエネルギーである．核分裂の際に質量が減少して，エネルギーに変換される（アインシュタインの式：$E = mc^2$）．つまり，地球のもつエネルギーの総量が人工的に増えたことを意味する．人工的に生み出されるエネルギーが増えれば，めぐりめぐって大気が温まることになる．（コラム 13 に続く）

第13章

溶液のモル分率と相平衡

　2種類の液体を混ぜると溶液ができる．希薄溶液の場合には溶媒の蒸気圧は液相でのモル分率に比例する．これをラウールの法則という．一方，溶質の蒸気圧はヘンリーの法則にしたがう．液体を混ぜる前と混ぜた後ではエントロピーが異なる．混ぜることによるエントロピーの変化量を混合エントロピーとよぶ．同様に，混合エンタルピーや混合自由エネルギーも定義でき，これらはモル分率などから計算できる．相平衡では気相のモル分率は液相のモル分率とは異なり，また，温度や圧力に依存する．

　液体Aと液体Bを混ぜて相平衡になっている状態を考える（**図13・1**）．モル分率の大きい成分を**溶媒**，モル分率の小さい成分を**溶質**といい，また，溶質のモル分率がゼロに近い薄い溶液を**希薄溶液**という．溶液では，液体Aと液体Bが混ざるだけでなく，それぞれの蒸気圧にしたがって，気体Aと気体Bも混ざる．混ぜる前のそれぞれの液体の蒸気圧をP^*とすると，分圧pはP^*に気相のモル分率x（気体）を掛け算した値だから，全圧Pは次のようになる．

$$P = p_A + p_B = P_A^* x_A (\text{気体}) + P_B^* x_B (\text{気体}) \quad (13 \cdot 1)$$

ここで，気相でのモル分率は液相でのモル分率に等しいと近似すると，

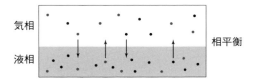

図13・1　溶液の相平衡の状態

$$p_A = P_A{}^* x_A (気体) = P_A{}^* x_A (液体), \quad p_B = P_B{}^* x_B (気体) = P_B{}^* x_B (液体)$$
(13・2)

となる．これを**ラウールの法則**といい，希薄溶液の「溶媒」に関して成り立つ．一方，希薄溶液の「溶質」に関しては次の**ヘンリーの法則**が成り立つ．

$$p = k_H x (液体)$$
(13・3)

この比例定数 k_H を**ヘンリー係数**といい，純粋な液体の蒸気圧 P^* とは異なる値であり，それぞれの化合物について経験的に決められる．なお，ラウールの法則が成り立つ溶液を**理想溶液**，モル分率の全領域でラウールの法則が成り立つ溶液を**完全溶液**という．

混合物の相平衡の場合にも，化学平衡（第 12 章）と同じように化学ポテンシャルで考えることができる．もしも，1 成分ならば，液体 A と気体 A が相平衡になっていて，それぞれの化学ポテンシャルは等しい（$\mu_A{}^*$（液体）$= \mu_A{}^*$（気体））．*は混ぜる前の状態を表す．もしも，液体 A と液体 B を混ぜて反応しなければ，自由エネルギーの変化量 $\Delta_{mix}G$（Δ_{mix} は混ぜた後と前の差を表す）は，モル分率を考慮して，

$$\Delta_{mix}G = (n_A\mu_A + n_B\mu_B) - (n_A\mu_A{}^* + n_B\mu_B{}^*)$$
(13・4)

となる．これを**混合自由エネルギー**という．右辺の第一項は混ぜた後の成分 A と成分 B の自由エネルギーの和，第二項は混ぜる前の成分 A と成分 B の自由エネルギーの和を表す．化学ポテンシャルがモル分率に依存することを考慮して，(12・3) 式を (13・4) 式に代入すれば，次のようになる．

$$\Delta_{mix}G = n_A RT \ln(x_A) + n_B RT \ln(x_B) = RT(n_A \ln(x_A) + n_B \ln(x_B))$$
(13・5)

混合エントロピー $\Delta_{mix}S$ を計算するためには，表 10・1 で示した次の関係式を利用するとよい．

$$\left(\frac{\partial \Delta G}{\partial T}\right)_p = -\Delta S$$
(13・6)

混合エントロピー $\Delta_{mix}S$ は混合自由エネルギー $\Delta_{mix}G$ を温度 T で微分して，負の符号をつければよい．したがって，(13・5) 式より，

$$\Delta_{\mathrm{mix}}S = -R(n_A \ln(x_A) + n_B \ln(x_B)) \qquad (13 \cdot 7)$$

となる．また，**混合エンタルピー** $\Delta_{\mathrm{mix}}H$ は液体 A と液体 B を混ぜる前と後のエンタルピー差のことである．もしも，溶媒と溶質の相互作用が溶媒同士，溶質同士の相互作用と変わらなければ $\Delta_{\mathrm{mix}}H$ は 0 となる．しかし，一般には，それぞれの相互作用は異なり，$\Delta_{\mathrm{mix}}H$ は正になることも負になることもある．

混合溶液の相図を考えるときには，1 成分の相図（第 7 章）とは異なり，モル分率も変数として考えなければならない．**図 13・2 (a)** には，343 K（70 ℃）の酢酸水溶液における酢酸のモル分率と圧力との関係を示した．これを**圧力ー組成図**という．気相の領域が左下に，液相の領域が右上に書いてある．二つの曲線のうち，下に書いたものが**気相線**，上に書いたものが**液相線**である．

図 13・2 (a) の A 点の状態では，すべての酢酸も水も液体である．この液体の圧力を下げていくと B 点で液相線と交差し，この圧力で気化が始まる．気相での酢酸のモル分率は，B 点で水平線（これを**連結線**という）を引き，気相線と交わったところのモル分率である．さらに，圧力を下げると C 点になる．C 点で水平に線を引いて，液相線との交点のモル分率が液相での酢酸のモル分率，気相線との交点のモル分率が気相での酢酸のモル分率である．さらに，圧力を下げると，D 点で気相線と交差する．これは気化の終了を意味している．すべての液体が気体になったのだから，もちろん，気相でのモル分率は，最初

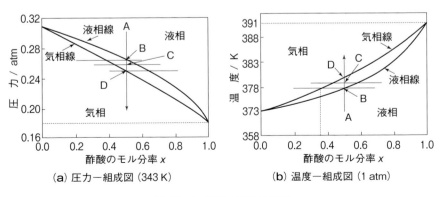

図 13・2　酢酸水溶液の相図

の液相でのモル分率と同じである．

　今度は，圧力を一定（1 atm）にしたときの**温度―組成図を図 13・2 (b)** に示す．A 点では液相線の下にあるので，酢酸も水も液体であって，気体は存在しない．温度を上げると B 点で液相線と交わり，この温度で気化が始まる．どのくらいのモル分率で気化するかというと，B 点で水平線（連結線）を引いて気相線と交わった点のモル分率である．さらに，温度を上げて C 点になると，液相でも気相でも酢酸のモル分率は大きくなる．C 点で水平に線を引けば，液相線との交点のモル分率が液相での酢酸のモル分率，気相線との交点のモル分率が気相での酢酸のモル分率である．そして，D 点で気化が終わり，すべての液体が気体になる．もちろん，気体のモル分率は最初のモル分率と同じである．

例題 1　右図は 313 K でのエタノール水溶液のエタノールの蒸気圧である．以下の問いに答えよ．

(1) 混ぜる前のエタノールの蒸気圧を求めよ．
(2) エタノールのモル分率が 0.5 の溶液のエタノールの蒸気圧を求めよ．
(3) ラウールの法則が成り立つのはエタノールのモル分率のどの範囲か．
(4) ヘンリーの法則が成り立つのはエタノールのモル分率のどの範囲か．
(5) ヘンリー係数のおよその値を求めよ．
(6) ヘンリー係数は混ぜる前のエタノールの蒸気圧よりも大きい．その理由を分子論的に考察せよ．

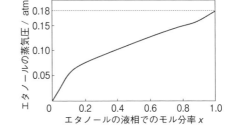

解答 (1)：混ぜる前のエタノールの蒸気圧は純粋なエタノールの蒸気圧のことである．つまり，エタノールのモル分率が 1.0 のときの蒸気圧である．図から 0.18 atm であることがわかる．

解答 (2)：エタノールのモル分率が 0.5 の位置で縦に線を引き，実線と交わったときの蒸気圧を求めると，およそ 0.11 atm である．

解答 (3)：ラウールの法則は $p = P^* x$ が成り立つことである．つまり，原点と $(x, p) = (1, P^*)$ の点を結んだ直線に一致する範囲を求めればよい．図からわかるように，エタノールのモル分率が 0.9～1.0 の範囲である．

解答 (4)：ヘンリーの法則は，希薄溶液の溶質 (モル分率が 0.5 以下) について，$p = k_H x$ が成り立つことである．図からわかるように，直線で近似できるモル分率の範囲は 0～0.1 である．

解答 (5)：エタノールのモル分率が 0.1 のとき，エタノールの蒸気圧はおよそ 0.07 だから，ヘンリー係数 k_H は $0.07/0.1 = 0.7$ である．

解答 (6)：ヘンリー係数が大きいということは，水溶液中のエタノールが気体になりやすいということである．純粋なエタノールではエタノール分子間に強い相互作用が働いているために気体になりにくい．

例題 2 理想溶液について，以下の問いに答えよ．

(1) 分子間相互作用や化学反応を無視できるとして，混合エンタルピー，混合エントロピー，混合自由エネルギーを物質量やモル分率などで表せ．

(2) 温度 298 K で，2 mol の液体 A と 2 mol の液体 B を混ぜたときの混合エンタルピー，混合エントロピー，混合自由エネルギーを求めよ．ただし，気体定数 R は $8.314 \, \mathrm{J \, K^{-1} \, mol^{-1}}$ とする．

(3) 問題 (2) で，実際の溶液の混合エンタルピーが 7000 J として，混合自由エネルギーを求めよ．混合エントロピーは問題 (2) の解答を用いてよい．液体 A と液体 B は混ざるか，混ざらないか．

(4) 問題 (3) で，温度を 308 K にしたときの混合自由エネルギーを求めよ．液体 A と液体 B は混ざるか，混ざらないか．

解答 (1)：分子間相互作用がなく，化学反応も起こらないから，混合エンタルピーは，$\Delta_{\mathrm{mix}} H = 0$ である．混合エントロピーは (13・7) 式で与えられていて，$\Delta_{\mathrm{mix}} S = -R(n_A \ln(x_A) + n_B \ln(x_B))$，また，混合自由エネルギーは (13・5) 式で与えられるので，$\Delta_{\mathrm{mix}} G = RT(n_A \ln(x_A) + n_B \ln(x_B))$．あるいは，$G = H - TS$ だから，温

度一定で $\Delta_{\mathrm{mix}}G = \Delta_{\mathrm{mix}}H - T\Delta_{\mathrm{mix}}S = 0 - T\{-R(n_A \ln(x_A) + n_B \ln(x_B))\} = RT(n_A \ln(x_A) + n_B \ln(x_B))$ となり，同じ式が得られる．モル分率 x_A と x_B は $0 \sim 1$ の範囲の値であり，その対数は負である．したがって，理想気体の混合と同じように，混合エントロピーは正，混合自由エネルギーは負となって自然に混ざる，つまり，不可逆反応である．

解答 (2)：モル分率は液体 A も液体 B も $x = 2/(2+2) = 0.5$ である．解答 (1) に代入すれば，$\Delta_{\mathrm{mix}}S = -8.314 \times (2\ln(0.5) + 2\ln(0.5)) = 23.05 \, \mathrm{J\,K^{-1}}$，また，$\Delta_{\mathrm{mix}}G = 8.314 \times 298 \times (2\ln(0.5) + 2\ln(0.5)) = -6869 \, \mathrm{J}$ となる．理想溶液では混合エンタルピーは 0 である．

解答 (3)：混合自由エネルギーは，混合エンタルピーおよび混合エントロピーと $\Delta_{\mathrm{mix}}G = \Delta_{\mathrm{mix}}H - T\Delta_{\mathrm{mix}}S$ の関係がある．したがって，$\Delta_{\mathrm{mix}}G = 7000 - 298 \times (23.05) = 7000 - 6869 = 131 \, \mathrm{J}$ となる．混合自由エネルギーの値が正だから，混ざると不安定になる．つまり，液体 A と液体 B は混ざらない．

解答 (4)：解答 (3) と同様にして，$\Delta_{\mathrm{mix}}G = 7000 - 308 \times (23.05) = -99.40 \, \mathrm{J}$ となる．混合自由エネルギーの値が負だから，安定になる．つまり，液体 A と液体 B は混ざる．

例題 3 図 13・2 (a) の 343 K における酢酸水溶液の圧力―組成図について，以下の問いに答えよ．

(1) 温度 343 K における酢酸の蒸気圧を求めよ．

(2) 温度 343 K における水の蒸気圧を求めよ．

(3) モル分率が 0.5 の溶液の圧力を減らすと，B 点で気化が起こる．気相の酢酸のモル分率と水のモル分率を求めよ．

(4) C 点の圧力における気相の酢酸のモル分率と水のモル分率，液相の酢酸のモル分率と水のモル分率を求めよ．

(5) D 点ではすべての溶液が気化する．気化する直前の溶液の酢酸のモル分率と水のモル分率を求めよ．

解答 (1)：酢酸のモル分率が 1.0 のときの蒸気圧を求めればよい．答えは 0.18 atm．

解答 (2)：酢酸のモル分率が 0.0 のときの蒸気圧を求めればよい．答えは 0.31 atm．

解答 (3)：B 点の圧力で連結線を引くと，気相線と交わる．その交点における酢酸のモル分率はおよそ 0.38 である．また，酢酸と水のモル分率を足し算すれば 1 になるから，水のモル分率は $1 - 0.38 = 0.62$ となる．つまり，蒸発しやすい水のモル分率のほうが大きい．

解答 (4)：C 点の圧力で連結線を引くと，気相線および液相線と交わる．気相線との交点における酢酸のモル分率はおよそ 0.42 である．したがって，水のモル分率は $1 - 0.42 = 0.58$ となる．また，液相線との交点における酢酸のモル分率はおよそ 0.58 である．したがって，水のモル分率は $1 - 0.58 = 0.42$ となる．

解答 (5)：D 点の圧力で連結線を引くと，液相線と交わる．その交点における酢酸のモル分率はおよそ 0.62．したがって，水のモル分率は $1 - 0.62 = 0.38$ となる．

例題 4 図 13・2 (b) の 1 atm における酢酸水溶液の温度－組成図について，以下の問いに答えよ．

(1) 圧力 1 atm における酢酸の沸点を求めよ．
(2) 圧力 1 atm における水の沸点を求めよ．
(3) モル分率が 0.5 の溶液の温度を上げると，B 点で気化が起こる．気相の酢酸のモル分率と水のモル分率を求めよ．
(4) D 点ではすべての溶液が気化する．気化する直前の溶液の酢酸のモル分率と水のモル分率を求めよ．
(5) B 点の温度は水の沸点よりも高いにもかかわらず，水は液体である．その理由を考察せよ．

解答 (1)：酢酸のモル分率が 1.0 のときの温度を求めればよい．答えは 391 K．

解答 (2)：酢酸のモル分率が 0.0 のときの温度を求めればよい．答えは 373 K．

解答 (3)：B 点の温度で連結線を引くと，気相線と交わる．その交点における酢酸のモル分率はおよそ 0.38 である．また，酢酸と水のモル分率を足し算すれば 1 になるから，水のモル分率は $1 - 0.38 = 0.62$．

解答 (4)：D 点の圧力で連結線を引くと，液相線と交わる．その交点における酢酸のモル分率はおよそ 0.62 である．したがって，水のモル分率は $1 - 0.62 = 0.38$．

解答 (5)：水の沸点が 100℃ なのに，100℃ よりも高い B 点の温度で水が液体である理由は，水分子同士の相互作用だけを考える純粋な水と異なり，酢酸水溶液では水分子と酢酸分子との相互作用などが影響しているからである．

> **例題 5** 図 13・2 (b) の 1 atm における酢酸水溶液の温度―組成図について，以下の問いに答えよ．
> (1) B 点の温度で気化した気体を冷やして液化すると，どのようなモル分率の溶液になるか．
> (2) 上記 (1) で得られた溶液をふたたび加熱して，気化が始まったときの温度で気体を冷やして液化すると，どのようなモル分率の溶液になるか．
> (3) 上記の操作を繰り返すと，最終的にどのような液体が得られるか．

解答 (1)：B 点で水平線を引いて気相線との交点での酢酸のモル分率を求めればよい．これは例題 4 の解答 (3) で求めたように，0.38 である．このモル分率の気体を冷やして溶液にしたのだから，溶液の酢酸のモル分率は 0.38．

解答 (2)：酢酸のモル分率が 0.38 の溶液の温度を上げると，液相線と交わる．その温度で水平線を引くと，気相線との交点での酢酸のモル分率は 0.22 である．このモル分率の気体を冷やして溶液にしたのだから，溶液の酢酸のモル分率は 0.22．

解答 (3)：気相線も液相線も左下がりになっているから，同様の操作を繰り返すと，得られる溶液の酢酸のモル分率は次第に 0 に近づく．つまり，最終的に純粋な水が得られる．このような操作を **分別蒸留** または **分留** という．

═══════════ この章のまとめ ═══════════

1. 2 種類の液体を混ぜた溶液で，モル分率の大きい液体を溶媒，モル分率の小さい液体を溶質という．
2. 溶質のモル分率が 0 に近い溶液を希薄溶液という．
3. 希薄溶液の溶媒の蒸気圧 p は溶媒のモル分率 x に比例し，比例定数は純粋な液体の蒸気圧に比例する．これをラウールの法則という（$p = P^* x$）．

4. ラウールの法則の成り立つ溶液を理想溶液という．理想溶液では溶質と溶媒との相互作用を無視できる．
5. すべてのモル分率の領域でラウールの法則が成り立つ溶液を完全溶液という．
6. 希薄溶液の溶質の蒸気圧 p は溶質のモル分率に比例し，比例定数をヘンリー定数 k_H という（$p = k_\mathrm{H} x$）．
7. 理想溶液の混合エントロピーはモル分率と物質量を使って，$\Delta_\mathrm{mix} S = -R(n_\mathrm{A} \ln(x_\mathrm{A}) + n_\mathrm{B} \ln(x_\mathrm{B}))$ で表される．
8. 理想溶液の混合エンタルピーは $\Delta_\mathrm{mix} H = 0$ である．また，混合自由エネルギーは $\Delta_\mathrm{mix} G = RT(n_\mathrm{A} \ln(x_\mathrm{A}) + n_\mathrm{B} \ln(x_\mathrm{B}))$ で表される．
9. 実在溶液では溶媒と溶質の相互作用によって，$\Delta_\mathrm{mix} H$ は正にも負にもなる．また，$\Delta_\mathrm{mix} G = \Delta_\mathrm{mix} H - T \Delta_\mathrm{mix} S$ であり，$\Delta_\mathrm{mix} G$ の値が負のときには自然に混ざり，正のときには自然に分離する．
10. 相平衡で，気相でのモル比は気相線で表され，液相でのモル比は液相線で表される．

演習問題

1. 例題1のエタノール水溶液の組成図を使って，2 mol のエタノールと 1 mol の水を混ぜた溶液の気相でのエタノールの蒸気圧を求めよ．
2. 問題1の水溶液の混合エントロピーを求めよ．
3. 温度 298 K で，問題1の水溶液の混合エンタルピーは $-290 \, \mathrm{J \, mol^{-1}}$ である．混合自由エネルギーを求めよ．
4. 1 atm におけるエタノールの蒸気圧を 0.18 atm とする．ラウールの法則が成り立つとして，問題1の水溶液のエタノールの蒸気圧を求めよ．
5. 温度 1028 K，標準状態 1 bar で，0.1 mol の Cu と 0.9 mol の Zn を混ぜたとする．このときの混合エンタルピーを $-4.8 \, \mathrm{kJ \, mol^{-1}}$ として，混合自由エネルギーを求めよ．

6. 右図は，1 atm でのベンゼン—エタノール溶液の温度—組成図である．エタノールおよびベンゼンの沸点を求めよ．

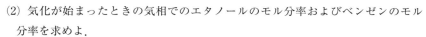

7. ベンゼンに対するエタノールのモル分率が 0.1 の溶液（右図 A 点）について，以下の問いに答えよ．
   (1) 温度を上げていくと，何 K で気化が始まるか．
   (2) 気化が始まったときの気相でのエタノールのモル分率およびベンゼンのモル分率を求めよ．
   (3) 問題 (2) の気体を冷やしてすべて液体にしてから，再び温度を上げると何 K で気化が始まるか．
   (4) 問題 (3) で気化した気体を冷やしてすべてを液体にしてから，再び温度を上げると何 K で気化が始まるか．
   (5) 上記の操作を繰り返して，最終的に得られる液体のエタノールのモル分率およびベンゼンのモル分率を求めよ．
8. エタノール—ベンゼン溶液のように，分留できない溶液のことを共沸混合物とよぶ．その他の共沸混合物の例を挙げよ．

コラム ⓭

パソコンも使えば，大気を温める

100 % の電気エネルギーが機械を動かすだけで，まったく熱エネルギーを放出しなければ，温暖化には寄与しないはずである（第 11 章）．しかし，電気を流すと，必ず，電気抵抗というものがあって発熱する．たとえば，パソコンを使っているときも，常にファンが回っている．ファンを回さなければ熱くなって，パソコンは壊れてしまう．そうすると，パソコンを使っているときには常に熱エネルギーを放出し，大気を温めていることになる．1 台のパソコンならば微々たるものかもしれないが，世界中のすべてのパソコンが常に動いているとしたらどうだろうか．最近では，プログラムやアンチウイルスのデータ更新のために，頻繁に世界中のパソコンが熱エネルギーを放出している，と考えると恐ろしい気がする．テレビなど，家電製品はすべて大気中の窒素や酸素の運動エネルギーを増やしている．（コラム 14 に続く）

第14章

溶液の束一的性質

　液体に少量の固体（溶質）を溶かして溶液にすると，液体と比べて沸点や凝固点（融点），蒸気圧，浸透圧などの値が変わる．沸点上昇とか凝固点降下とか蒸気圧降下などといわれる．ある溶媒のこれらの物性は溶質の種類によらずに，溶質の物質量のみに依存する．このような性質を溶液の束一的性質という．どうして物質量のみに依存するかは，化学ポテンシャルを使うと理解できる．逆に，これらの物性を測定すると，その変化量から溶かした溶質の分子量を知ることができる．

　希薄溶液には，溶質の種類にはよらずに溶質の物質量のみに依存する性質がある．このような性質を**束一的性質**という．たとえば，液体 A（溶媒）に別の物質 B（溶質）を少し溶かしたときに，純粋な液体（純溶媒）よりも凝固点が少し下がる．これを**凝固点降下**という．凝固点降下の大きさは何を溶かしたかによらず，どれだけ溶かしたかによって決められる．

　成分 A の凝固点では，固体と液体が相平衡の状態になっているから（**図 14・1**），固体の化学ポテンシャル μ（固体）と液体の化学ポテンシャル μ（液体）は等しい．液相でのモル分率 x_A を使えば，次のようになる（第 12 章を参照）．

$$\mu_A(固体) = \mu_A(液体) = \mu_A{}^*(液体) + RT\ln(x_A) \qquad (14\cdot1)$$

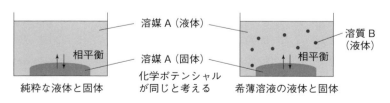

図 14・1　希薄溶液と純物質の相平衡

さらに，希薄溶液ならば，溶液中の成分 A の固体には，ほとんど溶質 B が混ざっていないから，その化学ポテンシャル μ_A（固体）は，純溶媒 A が固体になったときの化学ポテンシャル $\mu_A{}^*$（固体）と等しいと近似できる．したがって，(14・1) 式は次のようになる．

$$\ln(x_A) = \frac{\mu_A{}^*(\text{固体}) - \mu_A{}^*(\text{液体})}{RT} \tag{14・2}$$

(14・2) 式の右辺の分数の分子は，純粋な成分 A の固体が融解するときの自由エネルギーの差 $\Delta G\,(=\mu_A{}^*(\text{液体}) - \mu_A{}^*(\text{固体}))$ に負の符号をつけたものである．したがって，(14・2) 式は，

$$\ln(x_A) = -\frac{\Delta G}{RT} \tag{14・3}$$

と書ける．詳しいことは省略するが（例題 1 を参照），(14・3) 式からスタートして，凝固点降下の大きさ ΔT_f は最終的に次のように表される．

$$\Delta T_f = K_f m \tag{14・4}$$

ここで，m は溶媒 1000 g (1 kg) あたりの溶質の物質量であり，**質量モル濃度**（単位は mol kg^{-1}）とよばれる．また，K_f は**凝固点降下定数**（単位は K mol^{-1} kg）とよばれる定数であり，溶媒の種類によって変わるが，溶かした溶質の種類には依存しない．

一方，希薄溶液の沸点は純溶媒よりも高くなる．これを**沸点上昇**という．沸点上昇の大きさ ΔT_b を表す式は，凝固点降下と同様に質量モル濃度に比例するという式を導くことができる．

$$\Delta T_b = K_b m \tag{14・5}$$

ここで，K_b は**沸点上昇定数**であり，K_f と同様に溶質の種類に依存しない．つまり，沸点上昇も溶液の束一的性質である．

沸点上昇が起こるときには，蒸気圧も下がる．これを**蒸気圧降下**という．純溶媒と溶液の蒸気圧曲線を比較してみると（**図 14・2**），純溶媒の沸点よりも溶液の沸点のほうが高いので，溶液の蒸気圧曲線は純溶媒よりも右側になる．そうすると，同じ温度で溶液の蒸気圧を純溶媒の蒸気圧 $P_A{}^*$ と比べると，溶液

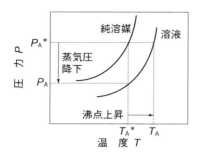

図 14・2 溶液と純溶媒の蒸気圧曲線

の蒸気圧 P_A のほうが低くなる．これが蒸気圧降下 ($\Delta P = P_A{}^* - P_A$) である．溶質が不揮発性で，気相には溶媒の気体だけがあると仮定するときには，蒸気圧降下の大きさは質量モル濃度に比例して，

$$\Delta P = \frac{P_A{}^* M}{1000} m \qquad (14 \cdot 6)$$

となる（例題 4 を参照）．ここで，M は溶媒のモル質量である．M の単位は g mol^{-1} で与えられ，kg mol^{-1} で計算するために 1000 (g kg^{-1}) で割り算されている．

溶液の成分のうち，水やイオンなどの低分子物質（溶媒）だけを透過させて，タンパク質やコロイド粒子などの高分子物質（溶質）を透過させない膜を**半透膜**という．二つの容器を半透膜でつなぎ，右側には溶媒 A に少量の溶質 B を溶かした希薄溶液を入れ，左側には純溶媒 A を同じ量だけ入れたとする（**図 14・3**）．はじめは，左右の高さは同じであるが，しばらくすると，左側の純溶媒 A の一部が半透膜を通り抜けて右側に移り，左右で高さが変わる．左右で高さが違うということは，半透膜の左右の液体の圧力が違うということであ

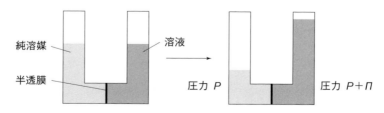

図 14・3 半透膜を用いた浸透圧の実験

る．この圧力差 Π のことを**浸透圧**という．浸透圧については**ファントホッフの浸透圧法則**が成り立つ．

$$\Pi V = n_B RT \tag{14・7}$$

ここで，n_B は溶質 B の物質量である．また，n_B/V は溶質 B の**体積モル濃度** c だから，浸透圧は次のように書くこともできる．

$$\Pi = cRT \tag{14・8}$$

沸点上昇，蒸気圧降下，浸透圧も溶液の束一的性質である．

例題 1 凝固点降下について以下の問いに答えよ．

(1) 圧力一定の条件で，(14・3) 式の両辺を温度 T で偏微分せよ．

(2) 表 10・1 を参考にして，$\left(\dfrac{\partial \Delta G}{\partial T}\right)_p$ を融解自由エネルギー ΔG，融解エンタルピー ΔH と温度 T で表せ．

(3) 問題 (2) の結果を問題 (1) で得られた式に代入して，$\ln(x_A)$ の温度の偏微分を求めよ．

(4) 問題 (3) で得られた結果を，純溶媒の凝固点 T^* から希薄溶液にしたときの凝固点 T まで積分せよ．

(5) 希薄溶液なので，溶媒 A と溶質 B のモル分率には $x_A \gg x_B$ の関係があるとすると，$\ln(x_A)$ は x_B を使ってどのような式で表されるか．

(6) 問題 (5) で得られた結果を問題 (4) の結果に代入して，凝固点降下 $\Delta T_f (= T^* - T)$ を表す式を求めよ．

解答 (1)：ΔG は温度の関数なので，(14・3) 式の両辺を温度で偏微分すると，関数の積の微分の公式を使って，$\dfrac{\partial \ln(x_A)}{\partial T} = -\dfrac{1}{R}\dfrac{\partial (\Delta G/T)_P}{\partial T} = -\dfrac{1}{R}\left[\dfrac{1}{T}\left(\dfrac{\partial \Delta G}{\partial T}\right)_P - \dfrac{\Delta G}{T^2}\right]$ となる．

解答 (2)：表 10・1 で示したように，圧力一定の条件で，自由エネルギーの温度依存性は $\left(\dfrac{\partial G}{\partial T}\right)_P = -S$ で表される．また，固体と液体の状態量の差を Δ で表せば，$\left(\dfrac{\partial \Delta G}{\partial T}\right)_P = -\Delta S$ となる．さらに，凝固点では相平衡になっているので，(9・5) 式

より，$\Delta G = \Delta H - T\Delta S$ が成り立つ．したがって，$\left(\dfrac{\partial \Delta G}{\partial T}\right)_p = \dfrac{\Delta G - \Delta H}{T}$ となる．

解答 (3)：解答 (2) で得られた結果を解答 (1) の結果に代入すればよい．答えは
$$\dfrac{\partial \ln(x_A)}{\partial T} = -\dfrac{1}{R}\left[\dfrac{1}{T}\left(\dfrac{\partial \Delta G}{\partial T}\right)_p - \dfrac{\Delta G}{T^2}\right] = -\dfrac{1}{R}\left(\dfrac{\Delta G - \Delta H}{T^2} - \dfrac{\Delta G}{T^2}\right) = \dfrac{\Delta H}{RT^2}.$$

解答 (4)：解答 (3) の両辺を純溶媒の凝固点 T^* から希薄溶液の凝固点 T まで積分すると，$\ln(x_A) = \displaystyle\int_{T^*}^{T} \dfrac{\Delta H}{RT^2}\, dT = -\dfrac{\Delta H}{R}\left(\dfrac{1}{T} - \dfrac{1}{T^*}\right) = -\dfrac{\Delta H}{R}\left(\dfrac{T^* - T}{T^*T}\right)$.

解答 (5)：モル分率の定義から，$x_A + x_B = 1$ である．また，希薄溶液では x_B は 0 に近いので $\ln(x_A) = \ln(1 - x_B) \approx \ln(1) - x_B = -x_B$ のように近似できる（マクローリン展開による）．

解答 (6)：解答 (5) の結果を解答 (4) の結果に代入すると $-x_B = -\dfrac{\Delta H}{R}\left(\dfrac{\Delta T_f}{T^*T}\right)$ となる．したがって，$\Delta T_f = x_B\left(\dfrac{RT^*T}{\Delta H}\right)$ となる．T と T^* はほとんど同じなので，$T = T^*$（一定）とみなせば，凝固点降下の大きさが溶質のモル分率に比例することがわかる．

例題 2 　質量モル濃度について，以下の問いに答えよ．
(1) モル質量 M の溶媒 $1\,\mathrm{kg}$ に含まれる溶媒の物質量 n_A を求めよ．
(2) 溶媒 $1\,\mathrm{kg}$ に含まれる質量モル濃度 m の溶質の物質量 n_B を求めよ．
(3) 希薄溶液だから $n_A \gg n_B$ である．x_B を m と M で近似的に表せ．
(4) 問題 (3) の結果を例題 1 の (6) の結果の x_B に代入して，凝固点降下定数 K_f を具体的な式で表せ．
(5) 水の融解エンタルピーを $6.01\,\mathrm{kJ\,mol^{-1}}$ として，凝固点降下定数を求めよ．

解答 (1)：モル質量が $M\,\mathrm{g\,mol^{-1}}$ だから，$n_A = 1000/M$ となる．

解答 (2)：m がそのまま n_B となる．

解答 (3)：$n_A \gg n_B$ だから，$x_B = \dfrac{n_B}{n_A + n_B} \approx \dfrac{n_B}{n_A} = \dfrac{m}{1000/M} = \dfrac{mM}{1000}$ となる．

解答 (4)：$\Delta T_\mathrm{f} = x_\mathrm{B}\left(\dfrac{RT^{*}T}{\Delta H}\right)$ の式の x_B に (3) の結果を代入すると，$\Delta T_\mathrm{f} = \left(\dfrac{mM}{1000}\right)$ $\left(\dfrac{RT^{*}T}{\Delta H}\right)$ となる．これを (14・4) 式と比較すると，$K_\mathrm{f} = \dfrac{MRT^{*}T}{1000\,\Delta H}$ が得られる．

解答 (5)：水のモル質量 M は $18\,\mathrm{g\,mol^{-1}}$，凝固点 T^{*} は 273.15 K，気体定数 R は $8.314\,\mathrm{J\,K^{-1}\,mol^{-1}}$ である．これらの値を解答 (4) の結果に代入して，$K_\mathrm{f} = (18 \times 8.314 \times 273.15 \times 273.15)/(1000 \times 6010) = 1.858\,\mathrm{K\,mol^{-1}\,kg}$ となる．ここで $T = T^{*}$ の近似を用いた．

例題 3 次の水溶液の凝固点および沸点について，以下の問いに答えよ．ただし，水の凝固点降下定数と沸点上昇定数は，それぞれ 1.853 および $0.515\,\mathrm{K\,mol^{-1}\,kg}$ とする．

(1) ある糖 36 g を水 1 kg に溶かすと，凝固点が 0.3706 K 下がった．この糖のモル質量を求めよ．

(2) ショ糖 ($C_{12}H_{22}O_{11}$) 34.2 g を水 1 kg に溶かすと，沸点は何 K 上がるか．水素，炭素，酸素のモル質量をそれぞれ 1，12，$16\,\mathrm{g\,mol^{-1}}$ とする．

(3) 問題 (1) の糖 18 g を 100 g のアセトンに溶かすと，凝固点は何 K 下がるか．ただし，アセトンの凝固点降下定数を $2.40\,\mathrm{K\,mol^{-1}\,kg}$ とする．

解答 (1)：糖のモル質量を x とすると，物質量は $36/x$ である．溶質 1 mol で 1.853 K 下がるから，物質量は $0.3706/1.853 = 0.2\,\mathrm{mol}$ である．したがって，$36/x = 0.2$ より，$x = 180$ となる．モル質量は $180\,\mathrm{g\,mol^{-1}}$ である．

解答 (2)：ショ糖のモル質量は炭素，水素，酸素のモル質量から計算できて，$12 \times 12 + 1 \times 22 + 16 \times 11 = 342\,\mathrm{g\,mol^{-1}}$ である．したがって，溶かした物質量は $34.2/342 = 0.1\,\mathrm{mol}$ である．溶質 1 mol で 0.515 K 上がるから，$0.1 \times 0.515 = 0.0515\,\mathrm{K}$ 上がる．

解答 (3)：解答 (1) より，糖のモル質量は $180\,\mathrm{g\,mol^{-1}}$ である．アセトン 1 kg には 180 g を溶かしたことになるから，質量モル濃度は $1\,\mathrm{mol\,kg^{-1}}$ である．したがって，凝固点は 2.40 K 下がる．

例題 4　蒸気圧降下について，以下の問いに答えよ．
(1) ラウールの法則を利用して (14・6) 式を導け．
(2) モル質量が $180\,\mathrm{g\,mol^{-1}}$ の糖 $36\,\mathrm{g}$ を水 $100\,\mathrm{g}$ に溶かしたとする．純粋な水の蒸気圧は $20\,°\mathrm{C}$ で $0.02307\,\mathrm{atm}$ であるとして，この溶液の $20\,°\mathrm{C}$ での蒸気圧を求めよ．
(3) ある糖 $90\,\mathrm{g}$ を水 $500\,\mathrm{g}$ に溶かしたところ，$20\,°\mathrm{C}$ での水の蒸気圧が $0.000415\,\mathrm{atm}$ 下がったとする．この糖のモル質量を求めよ．

解答 (1)：溶質は不揮発性なので蒸気圧は 0 と仮定すると，溶液の蒸気圧 P は溶媒 A の蒸気圧 P_A と考えられる．そうすると，蒸気圧降下 ΔP は次のようになる．$\Delta P = P_A{}^* - P = P_A{}^* - P_A = P_A{}^*(1 - P_A/P_A{}^*)$．ここで，希薄溶液だからラウールの法則 $(P_A = P_A{}^* x_A)$ が成り立つとすると，$\Delta P = P_A{}^*(1 - x_A)$ となる．$1 - x_A$ は x_B，また，例題 2 の解答 (3) より，$x_B = mM/1000$ だから，蒸気圧降下は $\Delta P = P_A{}^* mM/1000$ となって，(14・6) 式が得られる．

解答 (2)：質量モル濃度は水 $1\,\mathrm{kg}$ に溶けている糖の物質量のことだから，$m = 36/180 \times (1000/100) = 2\,\mathrm{mol\,kg^{-1}}$ である．また，溶媒の水のモル質量は $M = 18\,\mathrm{g\,mol^{-1}}$ であり，蒸気圧は $P_A{}^* = 0.02307\,\mathrm{atm}$ である．これらの値を (14・6) 式に代入すると，蒸気圧降下は $\Delta P = 2 \times 0.02307 \times 18/1000 = 0.00083$ となる．したがって，蒸気圧は $P = 0.02307 - 0.00083 = 0.02224\,\mathrm{atm}$ となる．

解答 (3)：蒸気圧が $0.000415\,\mathrm{atm}$ 下がったから，この値を (14・6) 式に代入すると，$0.000415 = m \times 0.02307 \times 18/1000$ が成り立つ．この式から，糖の質量モル濃度 m は $0.9994\,\mathrm{mol\,kg^{-1}}$ であることがわかる．また，糖のモル質量を x とすると，$0.9994 = (90/x) \times (1000/500)$ が成り立ち，糖のモル質量 $180.1\,\mathrm{g\,mol^{-1}}$ が得られる．

例題 5　半透膜を境として，純溶媒と希薄溶液を容器に入れたとする．浸透圧について，以下の問いに答えよ．
(1) 平衡に達したときには液体の高さに差ができる．それぞれの化学ポテンシャルにはどのような関係があるか．ただし，純溶媒 A の化学ポテンシャルを $\mu_A{}^*$（液体），溶液中の溶媒 A の化学ポテンシャルを μ_A（溶液）とする．
(2) 化学ポテンシャル μ_A（溶液）はモル分率に依存する．どのような式で表され

るか．ただし，モル分率が 0 のときの化学ポテンシャルを μ_A^*（溶液）とする．
(3) 同じ純溶媒なのに，どうして，μ_A^*（液体）と μ_A^*（溶液）は異なるのか．
(4) 温度一定の条件で，化学ポテンシャルは圧力に依存する．圧力依存性を表す式を表 10・1 から求め，圧力を P から $P + \Pi$ まで積分せよ．
(5) 問題 (1)〜(4) の解答からファントホッフの浸透圧法則を導け．

解答 (1)：平衡状態だから，化学ポテンシャルは等しい．つまり，μ_A^*（液体）$= \mu_A$（溶液）である．

解答 (2)：第 12 章を参考にすれば，μ_A（溶液）$= \mu_A^*$（溶液）$+ RT \ln(x_A)$ となることがわかる．

解答 (3)：自由エネルギー G は圧力に依存し，したがって，1 mol あたりの自由エネルギーを表す化学ポテンシャルも，当然，圧力に依存する．深い海の底では浅い海よりも水圧が高いように，液体の高さが異なるということは圧力が異なることを意味しているので，同じ純溶媒でも高さが異なれば化学ポテンシャルも異なる．

解答 (4)：温度一定の条件では，自由エネルギーの圧力依存性は表 10・1 より，$\left(\dfrac{\partial G}{\partial P}\right)_T = V$ で表される．つまり，μ_A^*（液体）と μ_A^*（溶液）の差を求めるためには，V を μ_A^*（液体）の圧力 P から μ_A^*（溶液）の圧力 $(P + \Pi)$ まで積分すればよい．ただし，液体の体積 V_A は圧力を変えてもほとんど変わらないから，一定であると仮定すると，μ_A^*（溶液）$- \mu_A^*$（液体）$= \displaystyle\int_P^{P+\Pi} \left(\dfrac{\partial G_A}{\partial P}\right)_T dP = \int_P^{P+\Pi} V_A dP = V_A \Pi$ となる．なお，左辺は自由エネルギーではなく，化学ポテンシャル（1 mol あたりの自由エネルギー）なので，右辺の体積 V_A も 1 mol あたりの体積，すなわち，モル体積を表す．

解答 (5)：解答 (1) と解答 (2) より，$-\ln(x_A) = (\mu_A^*（溶液）- \mu_A^*（液体）)/RT$ が成り立つ．右辺の分数の分子に解答 (4) を代入すると，$-\ln(x_A) = V_A \Pi / RT$ となる．また，左辺に例題 1 の解答 (5) の結果を代入すれば，$x_B = V_A \Pi / RT$ が得られる．さらに，希薄溶液では，$x_B = n_B/(n_A + n_B) \approx n_B/n_A$ が成り立つから，浸透圧は $\Pi = (n_B/n_A V_A) RT$ となる．$n_A V_A$ は液体の体積 V だから，ファントホッフの浸透圧法則 $\Pi V = n_B RT$ が得られる．

この章のまとめ

1. 希薄溶液の凝固点は溶質を加える前の凝固点よりも低くなる．これを凝固点降下という．
2. 凝固点降下は溶質の質量モル濃度（溶媒 1 kg あたりの物質量）m に比例する（$\Delta T_f = K_f m$）．
3. 凝固点降下の比例定数 K_f を凝固点降下定数といい，溶媒に固有の定数である．
4. 希薄溶液の沸点は溶質を加える前の沸点よりも高くなる．これを沸点上昇という．
5. 沸点上昇は溶質の質量モル濃度（溶媒 1 kg あたりの物質量）m に比例する（$\Delta T_b = K_b m$）．
6. 沸点上昇の比例定数 K_b を沸点上昇定数といい，溶媒に固有の定数である．
7. 希薄溶液の蒸気圧は溶質を加える前の蒸気圧よりも低くなる．これを蒸気圧降下という．
8. 蒸気圧降下の大きさは溶質の質量モル濃度に比例する $\left(\Delta P = \dfrac{P_A^* M}{1000} m\right)$．
9. 半透膜で接する希薄溶液と純粋溶媒では圧力差ができる．これを浸透圧という．
10. 浸透圧は溶質の物質量に比例し，ファントホッフの浸透圧法則で表される（$\Pi V = n_B RT$）．

演習問題

1. アセトン（CH_3COCH_3）の融点は 178 K，融解エンタルピーは 5.69 kJ mol^{-1} である．例題 2 を参考にして，凝固点降下定数を求めよ．
2. アセトン（CH_3COCH_3）の沸点は 330 K，蒸発エンタルピーは 29.0 kJ mol^{-1} である．沸点上昇定数を求めよ．
3. あるタンパク質 2 g を水 100 g に溶かしたところ，凝固点が 0.1 K 下がったとする．タンパク質のモル質量を求めよ．ただし，水の凝固点降下定数は 1.853 K

mol^{-1} kg である．

4．モル質量 300 g mol^{-1} のタンパク質 10 g を水 100 g に溶かした．凝固点はどのくらい下がるか．ただし，水の凝固点降下定数は 1.853 K mol^{-1} kg である．

5．あるタンパク質 6 g を水 100 g に溶かしたところ，沸点が 0.1 K 上がったとする．タンパク質のモル質量を求めよ．ただし，水の沸点上昇定数は 0.515 K mol^{-1} kg である．

6．モル質量 300 g mol^{-1} のタンパク質 20 g を水 100 g に溶かした．沸点はどのくらい上がるか．ただし，水の沸点上昇定数は 0.515 K mol^{-1} kg である．

7．高分子 7 g を水に溶かして 1 L の溶液をつくったところ，300 K で浸透圧が 1000 Pa になることがわかった．タンパク質のモル質量を求めよ．

8．温度 300 K で，あるタンパク質 0.02 mol を水に溶かして 1 L にしたとする．浸透圧を求めよ．

コラム 14

自然のエネルギーを利用する

最近，太陽光発電とか，風力発電とか，自然エネルギーを利用しようとする動きがある．もはや電気を使わない生活は考えられないので，なんとかして，自然エネルギーを使うほかはない．人工的に生み出されたエネルギーは地球全体のエネルギーの総量を増やしてしまい，めぐりめぐって，大気を温めてしまうことになるからだ．一方，自然エネルギーを電気に変えて使っても，地球全体のエネルギーの総量を増やしたことにはならないので，大気を温めたことにはならない．たとえば，太陽エネルギーはそもそも地表を温めるエネルギーであるが，その一部を地表ではなく太陽光パネルで受け止めれば，地表の温度はわずかながら下がったことになる．自然エネルギーでつくった電気を使い，めぐりめぐって大気の温度をわずかに上げたとしても，地球全体のエネルギーの総量は変わらない．（コラム 15 に続く）

第15章

電解質溶液と解離定数

　溶質は水溶液中で中性のままではなく，イオンになって存在することがある．イオンになる割合を解離度という．塩化ナトリウムのようにほとんどの分子がイオンになる物質を強電解質，ショ糖のようにほとんどイオンにならない物質を非電解質という．解離度は溶液の束一的性質にも影響を及ぼすので，たとえば，浸透圧の測定から解離度を求めることもできる．また，金属イオンを含む電解質水溶液を利用したものが化学電池である．金属がイオンになるときの自由エネルギーの差から起電力を計算できる．

　一般には，溶質を溶媒に溶かしたときに一部の分子はイオンになり，残りの分子はイオンにならない．溶質が溶液の中でイオンになっている割合を表したものが**解離度** α である．解離度 α が1に近い物質は**強電解質**，α がゼロに近い物質は**弱電解質**とよばれる．したがって，解離しない物質（これを**非電解質**という）を除き，一般には，溶液の束一的性質には解離度を考慮する必要がある．たとえば，第14章で学んだ浸透圧 Π の式（$\Pi = cRT$）は，次のようになる．

$$\Pi = icRT \tag{15・1}$$

ここで，i は**ファントホッフ係数**といわれ，解離度を考慮するために導入された定数である．粒子が解離すれば，溶液中の粒子の数が増え，モル濃度だけでは説明できなくなる．実験的に決定した浸透圧 Π の値から i を決定し，その i から解離度 α を決定することができる（ファントホッフ係数の求め方は例題2を参照）．

　解離度 α を決定するもう一つの方法が，**電気抵抗**を測る方法である．二つの

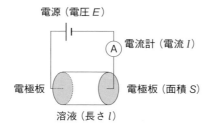

図 15・1 溶液の電気抵抗の測定

電極板で挟まれたセルに溶液を入れ，その間に電圧をかける（**図 15・1**）．解離度が大きくて溶液中のイオンの量が多ければ，流れる電流も多い．逆に，解離度が小さくて，イオンの量が少なければ，流れる電流も少ないという原理である．

電圧を E，電流を I，抵抗を R（気体定数の R と混乱しないように注意）とすると，**オームの法則**（$E = IR$）が成り立つ．抵抗 R は電極板の面積 S（エントロピーの S と混乱しないように注意）に反比例し，溶液の長さ l に比例するから，

$$R = \rho \frac{l}{S} = \frac{1}{\kappa} \frac{l}{S} \tag{15・2}$$

となる．比例定数 ρ（ロー）のことを**電気抵抗率**とよび，その逆数 κ（カッパ）を**電気伝導率**とよぶ．電気伝導率を濃度 c で割り算したものを**モル伝導率**とよび，記号は Λ で表す．モル伝導率は解離度 α に比例するので，次のように書ける．

$$\Lambda = \kappa/c = \Lambda^\infty \alpha \tag{15・3}$$

比例定数の Λ^∞ は**極限モル伝導率**とよばれ，解離度 α が 1 の極限でのモル伝導率を表す．強電解質の極限モル伝導率は，希釈溶液で濃度を変化させながらモル伝導率を測定し，濃度が 0 の値に外挿して求めることができる．弱電解質の極限モル伝導率 Λ^∞ は強電解質のカチオンの**極限イオン伝導率**（λ_+^∞）とアニオンの極限イオン伝導率（λ_-^∞）の和（$\Lambda^\infty = \lambda_+^\infty + \lambda_-^\infty$）で近似できる．これを**イオン独立移動の法則**という．

電解質溶液の場合には,平衡定数のことを**解離定数**という.たとえば,酢酸を水に溶かす場合には,一部の酢酸はカチオンとアニオンに解離しているが,そのほかの酢酸は電気的に中性な酢酸分子のままである.

$$CH_3COOH + H_2O \rightleftharpoons CH_3COO^- + H_3O^+ \quad (15 \cdot 4)$$

化学平衡の法則(第 12 章)が成り立つとすれば,酢酸水溶液の解離定数は,

$$K_c = \frac{[CH_3COO^-][H_3O^+]}{[CH_3COOH][H_2O]} \quad (15 \cdot 5)$$

となる.希薄溶液ならば,$[H_2O]$ は大量にあって一定であるとみなせるから,

$$\frac{[CH_3COO^-][H_3O^+]}{[CH_3COOH]} = K_c[H_2O] \equiv K_a \quad (15 \cdot 6)$$

と定義する.K_a のことを**酸解離定数**とよぶ.

電解質溶液の性質を利用したものに**化学電池**がある.その代表がダニエル電池である(**図 15・2**).ダニエル電池では,硫酸銅水溶液の中に銅の電極を入れ,硫酸亜鉛水溶液の中に亜鉛の電極を入れて導線でつなぐ.水素(H)のイオン化($H \to H^+$)に伴う自由エネルギーの変化量を基準 0 とすると,それぞれの電極の金属は,

$$Zn \longrightarrow Zn^{2+} + 2e \quad \Delta G = -147.1 \text{ kJ mol}^{-1} \quad (15 \cdot 7)$$

$$Cu \longrightarrow Cu^{2+} + 2e \quad \Delta G = 65.49 \text{ kJ mol}^{-1} \quad (15 \cdot 8)$$

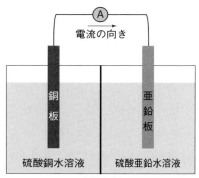

図 15・2 ダニエル電池の模式図

となる．ヘスの法則 (第 6 章を参照) により，(15・7) 式から (15・8) 式を引き算して整理すれば，

$$Zn + Cu^{2+} \longrightarrow Zn^{2+} + Cu \quad \Delta G = -212 \text{ kJ mol}^{-1} \quad (15 \cdot 9)$$

となり，系全体の自由エネルギーが下がって電流が流れる．

化学電池の起電力は**ファラデーの式**を使って，自由エネルギーの変化量の差から求めることができる．

$$E = -\frac{\Delta G}{\nu F} \quad (15 \cdot 10)$$

ここで，F は**ファラデー定数**とよばれ，$9.648533289 \times 10^4 \text{ C mol}^{-1}$ である．また，ν は金属イオンの価数である．

例題 1 次の物質を強電解質，弱電解質，非電解質に分類せよ．
(a) 塩化ナトリウム，(b) ショ糖，(c) 水酸化ナトリウム，(d) 酢酸，(e) デキストリン，(f) アンモニア，(g) 塩酸，(h) 水酸化カリウム，(i) 果糖，(j) 硝酸

解答：強電解質は，(a) 塩化ナトリウム，(c) 水酸化ナトリウム，(g) 塩酸，(h) 水酸化カリウム，(j) 硝酸．弱電解質は，(d) 酢酸，(f) アンモニア．非電解質は，(b) ショ糖，(e) デキストリン，(i) 果糖 である．

例題 2 ファントホッフ係数について，次の問いに答えよ．
(1) 解離度 α で，$M_m N_n$ という化合物が m 個のカチオンと n 個のアニオンに分かれて溶けているときのファントホッフ係数を求めよ．
(2) 塩化ナトリウムが水溶液中で完全に解離しているとする．ファントホッフ係数を求めよ．
(3) 塩化カルシウムが水溶液中で完全に解離しているとする．ファントホッフ係数を求めよ．

解答 (1)：溶液中で解離していない分子は $(1-\alpha)$ 個である．また，αm 個のカチオンと αn 個のアニオンが存在する．ファントホッフ係数は，$i = (1-\alpha) + \alpha(m+n)$ となる．

解答 (2)：NaCl が完全に Na$^+$ と Cl$^-$ に分かれるならば，1 mol が 2 mol になるから，$i = 2$ である．あるいは，解答 (1) の結果で $\alpha = 1$，$m = 1$，$n = 1$ を代入すると，$i = (1-1) + 1 \times (1+1) = 2$ となる．

解答 (3)：塩化カルシウムは完全に解離（$\alpha = 1$）すると，CaCl$_2 \to$ Ca^{2+} + 2Cl$^-$ だから，$m = 1$，$n = 2$ である．したがって，$i = (1-1) + 1 \times (2+1) = 3$ となる．

例題 3 次の物理量の単位を SI 単位系で求めよ．
(1) 電気抵抗
(2) 電気抵抗率
(3) 電気伝導率
(4) モル伝導率

解答 (1)：電気抵抗 R は電圧 E を電流 I で割り算した物理量である．電流の単位は A（アンペア），電圧の単位の V（ボルト）の SI 単位系は J C^{-1} または m^2 kg s^{-3} A^{-1} だから，R の単位は m^2 kg s^{-3} A^{-2} となる．

解答 (2)：電気抵抗率 ρ は電気抵抗を溶液の長さ（m）で割り算し，電極の面積（m^2）を掛け算した値だから，m^3 kg s^{-3} A^{-2} となる．

解答 (3)：電気伝導率 κ は電気抵抗率の逆数だから，m^{-3} kg^{-1} s^3 A^2 となる．

解答 (4)：モル伝導率 Λ は電気伝導率を濃度（mol m^{-3}）で割り算した値だから，kg^{-1} s^3 A^2 mol^{-1} となる．

例題 4 次の物質の極限モル伝導率を求めよ．ただし，H$^+$，Na$^+$，Cl$^-$，CH$_3$COO$^-$，CO$_3^{2-}$ の極限イオン伝導率は，298 K で 0.03501，0.00501，0.00763，0.00409，0.00693 kg^{-1} s^3 A^2 mol^{-1} である．
(1) 塩化ナトリウム
(2) 塩酸
(3) 酢酸
(4) 炭酸ナトリウム

解 答 (1)：NaCl の場合には，$\Lambda^\infty(\mathrm{NaCl}) = \lambda_+^\infty(\mathrm{Na}^+) + \lambda_-^\infty(\mathrm{Cl}^-) = 0.00501 + 0.00763 = 0.01264 \ \mathrm{kg^{-1} \ s^3 \ A^2 \ mol^{-1}}$ と計算できる．

解 答 (2)：HCl の場合には，$\Lambda^\infty(\mathrm{HCl}) = \lambda_+^\infty(\mathrm{H}^+) + \lambda_-^\infty(\mathrm{Cl}^-) = 0.03501 + 0.00763 = 0.04264 \ \mathrm{kg^{-1} \ s^3 \ A^2 \ mol^{-1}}$ と計算できる．

解 答 (3)：$\mathrm{CH_3COOH}$ の場合には，$\Lambda^\infty(\mathrm{CH_3COOH}) = \lambda_+^\infty(\mathrm{H}^+) + \lambda_-^\infty(\mathrm{CH_3COO}^-) = 0.03501 + 0.00409 = 0.03910 \ \mathrm{kg^{-1} \ s^3 \ A^2 \ mol^{-1}}$ と計算できる．

解 答 (4)：$\mathrm{Na_2CO_3}$ の場合には，$\Lambda^\infty(\mathrm{Na_2CO_3}) = 2\lambda_+^\infty(\mathrm{Na}^+) + \lambda_-^\infty(\mathrm{CO_3}^{2-}) = 2 \times 0.00501 + 0.00693 = 0.01695 \ \mathrm{kg^{-1} \ s^3 \ A^2 \ mol^{-1}}$ と計算できる．

例題 5 温度 298 K の塩化ナトリウム水溶液の濃度が $0.05 \ \mathrm{mol \ L^{-1}}$，電気伝導率が $0.55 \ \mathrm{m^{-3} \ kg^{-1} \ s^3 \ A^2}$ だったとする．以下の問いに答えよ．
(1) モル伝導率を求めよ．
(2) 例題 4 の極限モル伝導率を使って，解離度を求めよ．
(3) 濃度が $1.0 \ \mathrm{mol \ L^{-1}}$ のとき，電気伝導率が $8.405 \ \mathrm{m^{-3} \ kg^{-1} \ s^3 \ A^2}$ だったとすると，解離度はどのくらいか．

解 答 (1)：$0.55 \ \mathrm{mol \ L^{-1}}$ は $0.55 \times 10^3 \ \mathrm{mol \ m^{-3}}$ である．モル伝導率は電気伝導率を濃度で割り算すればよいから，$\Lambda = 0.55/(0.05 \times 10^3) = 1.10 \times 10^{-2} \ \mathrm{kg^{-1} \ s^3 \ A^2 \ mol^{-1}}$ となる．

解 答 (2)：例題 1 の解答 (1) より，塩化ナトリウムの極限モル伝導率は $\Lambda^\infty = 0.01264 \ \mathrm{kg^{-1} \ s^3 \ A^2 \ mol^{-1}}$ である．解答 (1) で求めたモル伝導率を極限モル伝導率 Λ^∞ で割り算すればよいから，解離度は $\alpha = 0.011/0.01264 = 0.8702$ となる．

解 答 (3)：モル伝導率は $\Lambda = 8.405/(1.0 \times 10^3) = 8.405 \times 10^{-3} \ \mathrm{kg^{-1} \ s^3 \ A^2 \ mol^{-1}}$. したがって，解離度は $\alpha = 0.008405/0.01264 = 0.6650$ となる．

例題 6 酢酸水溶液の酢酸の濃度を c，酢酸の解離度を α とする．以下の問いに答えよ．
(1) 酸解離定数は α と c を使ってどのような式で表されるか．

(2) 酢酸の酸解離定数が 298 K で 1.75×10^{-5} mol L^{-1} とする．濃度が 0.1 mol L^{-1} の溶液の解離度を求めよ．

解答 (1)：酢酸の解離度が α だから，分子のままでいる酢酸の濃度は $c(1-\alpha)$，アニオンとカチオンは両方とも $c\alpha$ である．したがって，酸解離定数は化学平衡の法則から，$K_a = \dfrac{(c\alpha)^2}{c(1-\alpha)} = \dfrac{c\alpha^2}{1-\alpha}$ となる．

解答 (2)：解答 (1) で得られた式に酸解離定数の値と濃度を代入すると，$1.75 \times 10^{-5} = \dfrac{0.1 \times \alpha^2}{1-\alpha}$ となる．この方程式を解くと $\alpha = 0.01314$ が得られる．

例題 7 図 15・2 のダニエル電池について，以下の問いに答えよ．ただし，ファラデー定数を 9.65×10^4 C mol^{-1} とする．
(1) 亜鉛側で電子が放出される理由を反応の自由エネルギーの変化量から考察せよ．
(2) 銅側で電子を受け取る理由を反応の自由エネルギーの変化量から考察せよ．
(3) 自由エネルギーの変化量の差から起電力を求めよ．
(4) 反応のエントロピーの変化量の差を求めよ．ただし，Zn → Zn^{2+} + 2e と Cu → Cu^{2+} + 2e の反応のエンタルピーを -153 と 65 kJ mol^{-1} とする．

解答 (1)：亜鉛側の反応に伴う自由エネルギーの変化量は負の値である．これは亜鉛が水素よりもイオンになりやすいことを表すから，亜鉛は電子を放出する．

解答 (2)：(15・8) 式で示したように，銅のイオン化に伴う自由エネルギーの変化量は正の値である．これは銅が水素よりもイオンになりにくいことを表している．したがって，銅イオンが電子を受け取って銅になる．この場合には，自由エネルギーの変化量は逆に負になる．

解答 (3)：(15・9) 式より，自由エネルギーの変化量の差は -212 kJ mol^{-1} である．また，金属イオンの価数は $\nu = 2$ である．したがって，(15・10) 式に代入すると，起電力は $E = -\dfrac{-212000}{2 \times 96500} = 1.10$ V となる．

解答 (4)：反応のエンタルピーの変化量の差は $\Delta H = -153 - 65 = -218 \text{ kJ mol}^{-1}$ である．自由エネルギーの定義から，温度が一定であれば $\Delta G = \Delta H - T\Delta S$ だから，$\Delta S = \dfrac{\Delta H - \Delta G}{T} = \dfrac{-218 - (-212)}{298} = -0.0201 \text{ kJ K}^{-1} \text{ mol}^{-1}$ となる．

■ この章のまとめ ■

1. 溶質が溶液の中でイオンになっている割合を解離度という．
2. 解離度が1に近い物質を強電解質，0に近い物質を弱電解質，電離しないものを非電解質という．
3. 電解質の浸透圧は解離度を考慮して $\Pi = icRT$ となる．i をファントホッフ係数という．
4. 電気抵抗率の逆数を電気伝導率という．
5. 解離度は電気伝導率から求めることができる．
6. 強電解質の極限モル伝導率は，解離度の濃度依存性から，濃度0に外挿して求められる．
7. 弱電解質の極限モル伝導率は，強電解質のカチオンとアニオンの極限イオン伝導率の和で近似できる．これをイオン独立移動の法則という．
8. 電解質の一部が解離して平衡になっているときの平衡定数を解離定数という．
9. 化学電池では，正極と負極の化学反応に伴う自由エネルギーの変化によって電流が流れる．
10. ファラデーの式を使って，化学電池の起電力は自由エネルギーの変化量の差から求められる $\left(E = -\dfrac{\Delta G}{\nu F}\right)$．

演習問題

1. 塩化ナトリウム 5.85 g を水 1 kg に溶かすと，沸点は何 K 上がるか．ただし，塩化ナトリウムは完全に解離しているとし，水の沸点上昇定数を $0.515 \text{ K mol}^{-1} \text{ kg}$ とする．

2. 塩化ナトリウム 5.85 g を水 1 kg に溶かすと，沸点は何 K 上がるか．ただし，塩化ナトリウムの解離度を 0.90 とし，水の沸点上昇定数を 0.515 K mol^{-1} kg とする．

3. 温度 300 K で，塩化ナトリウム 5.85 g を水に溶かして 1 L にした．浸透圧が 4.75×10^5 Pa になったとして，ファントホッフ係数を求めよ．

4. 例題 2 を参考にして，問題 3 の解離度を求めよ．

5. 酢酸 0.01 mol を水に溶かして 1 L の水溶液にした．4.2 % が解離しているとする．例題 6 を参考にして，酢酸の酸解離定数を求めよ．

6. 問題 5 で，酢酸 0.02 mol を溶かしたとすると，何 % が解離しているか．

7. ダニエル電池の硫酸亜鉛の代わりに硫酸ニッケル，亜鉛板の代わりにニッケル板を用いたときの起電力を求めよ．ただし，ファラデー定数を 9.65×10^4 C mol^{-1}，Ni が Ni^{2+} になるときの自由エネルギーの変化量を -45.60 kJ mol^{-1}，Cu が Cu^{2+} になるときの自由エネルギーの変化量を 65.49 kJ mol^{-1} とする．

8. ナトリウムと金を電極にすることができたとして，起電力を求めよ．ただし，ファラデー定数を 9.65×10^4 C mol^{-1}，Na が Na$^+$ になるときの自由エネルギーの変化量を -262 kJ mol^{-1}，Au が Au$^+$ になるときの自由エネルギーの変化量を 176 kJ mol^{-1} とする．

コラム ❶⓹

植物と仲良くしよう！

寒い冬が終わり，新緑の季節になると，あっという間に庭一面に雑草が生える．雑草とそうでないものと何が違うかというと，人間が勝手に決めただけのことである．よく見れば，雑草の中にもとても可憐な花を咲かせるものもある．植物は大気中の二酸化炭素と水を原料として，太陽光（緑以外の可視光線）のエネルギーを使って光合成を行っている．太陽光を使うということは地表に吸収されるエネルギーが減るということだから，地表の温度がわずかに下がることになる．地表の温度が下がれば，地表と衝突する窒素や酸素の運動エネルギーが減り，気温がわずかに下がる．わずかといっても，地球上には莫大な量の植物が育っている．地球温暖化を抑制する貢献も大きいと思われる．もちろん，枯れ葉や枯れ枝を焼却して**熱エネルギー**に変えてしまわなければの話である．これからも植物と仲良くしよう．（おわり）

演習問題の略解

第0章 **1.** 水素分子のモル質量は $2\,\mathrm{g\,mol^{-1}}$。水素 $4\,\mathrm{g}$ の物質量は $2\,\mathrm{mol}$。水素分子の数は $2 \times (6.022 \times 10^{23}) = 1.204 \times 10^{24}$ 個。したがって，水素原子の数は 2.408×10^{24} 個。**2.** 水素分子のモル質量は $2\,\mathrm{g\,mol^{-1}}$。したがって，水素分子1個の質量は $2/(6.022 \times 10^{23}) = 3.321 \times 10^{-24}\,\mathrm{g} = 3.321 \times 10^{-27}\,\mathrm{kg}$。**3.** ヘリウムは単原子分子だから並進運動のみ。**4.** 水素分子は二原子分子だから並進運動，回転運動，振動運動。**5.** $(36 \times 10^3)/(60 \times 60) = 10\,\mathrm{m\,s^{-1}}$。**6.** $36\,\mathrm{km\,h^{-1}}$ は $10\,\mathrm{m\,s^{-1}}$ だから，$(1/2) \times 600 \times 10^2 = 3 \times 10^4\,\mathrm{J}$。**7.** $1\,\mathrm{atm} = 1.01325\,\mathrm{bar}$。$1\,\mathrm{bar} = 1/1.01325\,\mathrm{atm}$ だから $2/1.01325 = 1.974\,\mathrm{atm}$。**8.** $1\,\mathrm{kcal} = 4.184\,\mathrm{kJ}$ だから，$600 \times 4.184 = 2.510 \times 10^3\,\mathrm{kJ} = 2.510 \times 10^6\,\mathrm{J}$。

第1章 **1.** 同じ濃度の溶液を混ぜても濃度は変わらない。よって，示強性変数。**2.** $1 \times 0.08206 \times 300/1 = 24.62\,\mathrm{L}$。**3.** $2 \times 8.314 \times 300/(2 \times 10^5) = 24.94 \times 10^{-3}\,\mathrm{m^3}$。**4.** $1 \times 8.314 \times 300/(30 \times 10^{-3}) = 8.314 \times 10^4\,\mathrm{Pa}$。**5.** $20000 \times (20 \times 10^{-3})/(8.314 \times 500) = 0.09622\,\mathrm{mol}$。**6.** a も b も二酸化炭素のほうが大きい。**7.** $(1 \times 0.08206 \times 1000)/(1 - 0.0428) - 3.607/1^2 = 82.12\,\mathrm{atm}$。**8.** 圧力は $(1 \times 0.08206 \times 1000)/1 = 82.06\,\mathrm{atm}$。圧縮因子は $82.12/82.06 = 1.001$。

第2章 **1.** $U = (3/2)PV$ に代入。$(3/2) \times (1 \times 10^5) \times (24 \times 10^{-3}) = 3.6 \times 10^3\,\mathrm{J}$。**2.** 理想気体では，体積と圧力が同じならば粒子の質量に依存しない。解答(1)と同じ。**3.** $\sqrt{\langle v^2 \rangle} = \sqrt{3RT/M}$ に代入。$300\,\mathrm{K}$ では，$\sqrt{3 \times 8.314 \times 300/(4 \times 10^{-3})} = 1368\,\mathrm{m\,s^{-1}}$。$600\,\mathrm{K}$ では $1368 \times \sqrt{2} = 1934\,\mathrm{m\,s^{-1}}$。**4.** 質量の平方根に反比例。解答(3)を利用すると，$1368 \times \sqrt{4/3} = 1579\,\mathrm{m\,s^{-1}}$。**5.** 最頻値は根二乗平均速さの $\sqrt{2/3}$ 倍。解答(3)を利用すると，$1368 \times \sqrt{2/3} = 1117\,\mathrm{m\,s^{-1}}$。**6.** $\exp(-\Delta E/k_\mathrm{B}T) = \exp\{-(1 \times 10^{-20})/(1.381 \times 10^{-23} \times 300)\} = 0.08948$ 倍。**7.** $\exp(-\Delta E/RT) = \exp\{-(1 \times 10^3)/(8.314 \times 300)\} = 0.6697$ 倍。**8.** $\exp(-\Delta E/RT) = \exp\{-(1 \times 10^3)/(8.314 \times 600)\} = 0.8184$ 倍。

第3章 **1.** $3 - 1 = 2\,\mathrm{kJ}$。**2.** 仕事エネルギーは 0。内部エネルギーの変化量は $3\,\mathrm{kJ}$。**3.** $W = -P_1(V_2 - V_1)$ に代入すると，外界に行った仕事エネルギーは $-W = (1 \times 10^5) \times (0.06 - 0.03) = 3000\,\mathrm{J} = 3\,\mathrm{kJ}$。内部エネルギーの変化量は $5 - 3 = 2$

kJ. **4.** $W = -RT\ln(V_2/V_1)$ に代入すると，外界に行った仕事エネルギーは $-W = 8.314 \times 300 \times \ln(0.06/0.03) = 1729$ J. 内部エネルギーの変化量は 0. **5.** $W = -Q$ に代入すると，外界に行った仕事エネルギーは $-W = Q = 3$ kJ, 内部エネルギーの変化量は 0. **6.** (3・6) 式にマイナス符号をつけて代入すると，外界に行った仕事エネルギーは $-W = \dfrac{1}{(5/3)-1} \times (0.7 \times 10^5 \times 0.03716 - 1 \times 10^5 \times 0.03) = 598.2$ J. 内部エネルギーの変化量は -598.2 J. **7.** (3・6) 式にマイナス符号をつけて代入．ただし，$PV = RT$ だから，外界に行った仕事エネルギーは $-W = -\dfrac{8.314}{(5/3)-1} \times (200-300) = 1247$ J. 内部エネルギーの変化量は -1247 J. **8.** (3・6) 式にマイナス符号をつけて代入する．ただし，$PV = RT$ だから，外界に行った仕事エネルギーは $-W = -\dfrac{8.314}{(5/3)-1} \times (400-300) = -1247$ J. 内部エネルギーの変化量は 1247 J.

第4章 1. ヘリウムは単原子分子だから，定容モル熱容量は $(3/2) \times 8.314 = 12.47$ J K^{-1} mol^{-1}, 定圧モル熱容量は $(5/2) \times 8.314 = 20.79$ J K^{-1} mol^{-1}. **2.** 水素は二原子分子だから，定容モル熱容量は $(5/2) \times 8.314 = 20.79$ J K^{-1} mol^{-1}, 定圧モル熱容量は $(7/2) \times 8.314 = 29.10$ J K^{-1} mol^{-1}. **3.** アンモニアは多原子分子だから，2 mol の定容熱容量は $2 \times (6/2) \times 8.314 = 49.88$ J K^{-1}, 定圧熱容量は $2 \times (8/2) \times 8.314 = 66.51$ J K^{-1}. **4.** ヨウ素の原子量は水素よりも大きく，振動エネルギーが小さく，振動運動が熱容量に寄与するから．**5.** 気体では分子が独立に運動しているが，固体では分子間力が働いていて，分子間振動が熱容量に寄与するから．**6.** $C = Q/\Delta T$ に代入．定容過程では $2 \times (3/2) \times 8.314 \times (400-300) = 2494$ J = 2.494 kJ. 定圧過程では $2 \times (5/2) \times 8.314 \times (400-300) = 4157$ J = 4.157 kJ. **7.** $\Delta T = Q/C$ に代入すると，$300 + 3000/\{(5/2) \times 8.314\} = 444.3$ K. **8.** $Q = n\int C dT = 2 \times \int_{300}^{600}(29.7 + 0.025\,T)\,dT = 2 \times \{29.7 \times (600-300) + 0.025 \times (1/2) \times (600^2 - 300^2)\} = 24570$ J = 24.57 kJ.

第5章 1. 内部エネルギー．**2.** エンタルピー．**3.** 定圧過程．同じ平衡状態にするためには，仕事エネルギーも必要だから．**4.** 定圧過程．同じ平衡状態にするためには，仕事エネルギーも必要だから．**5.** 変化前の温度は $(2 \times 10^5) \times (20 \times 10^{-3})/(2 \times 8.314) = 240.6$ K, 変化後の温度は $(2 \times 10^5) \times (30 \times 10^{-3})/(2 \times 8.314) =$

360.8 K. 二原子分子の定容モル熱容量は $(5/2) \times 8.314 = 20.79 \,\mathrm{J\,K^{-1}\,mol^{-1}}$, 定圧モル熱容量は $(7/2) \times 8.314 = 29.10 \,\mathrm{J\,K^{-1}\,mol^{-1}}$. 熱エネルギーは $2 \times 29.10 \times (360.8 - 240.6) = 7000 \,\mathrm{J}$. 仕事エネルギーは $-(2 \times 10^5) \times (30 - 20) \times 10^{-3} = -2000 \,\mathrm{J}$. 内部エネルギーの変化量は $7000 - 2000 = 5000 \,\mathrm{J}$ (または $2 \times 20.79 \times (360.8 - 240.6) = 5000 \,\mathrm{J}$). エンタルピーの変化量は $5000 + 2000 = 7000 \,\mathrm{J}$ (または $2 \times 29.10 \times (360.8 - 240.6) = 7000 \,\mathrm{J}$). **6.** 変化前の温度は $(1 \times 10^5) \times (100 \times 10^{-3})/(5 \times 8.314) = 240.6 \,\mathrm{K}$, 変化後の温度は $(4 \times 10^5) \times (100 \times 10^{-3})/(5 \times 8.314) = 962.2 \,\mathrm{K}$. 二原子分子の定容モル熱容量は $(5/2) \times 8.314 = 20.79 \,\mathrm{J\,K^{-1}\,mol^{-1}}$, 定圧モル熱容量は $(7/2) \times 8.314 = 29.10 \,\mathrm{J\,K^{-1}\,mol^{-1}}$. 熱エネルギーは $5 \times 20.79 \times (962.2 - 240.6) = 75000 \,\mathrm{J}$. 仕事エネルギーは -0. 内部エネルギーの変化量は $75000 \,\mathrm{J}$. エンタルピーの変化量は $75000 + (100 \times 10^{-3}) \times (4 - 1) \times 10^5 = 105000 \,\mathrm{J}$ (または $5 \times 29.10 \times (962.2 - 240.6) = 105000 \,\mathrm{J}$). **7.** 等温過程での熱エネルギーは $RT \ln(V_2/V_1)$ または $RT \ln(P_1/P_2)$. 熱エネルギーは $8.314 \times 300 \times \ln(1/0.5) = 1729 \,\mathrm{J}$. 仕事エネルギーは $-1729 \,\mathrm{J}$. 内部エネルギーの変化量は 0. エンタルピーの変化量は 0. **8.** 変化前の温度は $(1 \times 10^5) \times (60 \times 10^{-3})/(3 \times 8.314) = 240.6 \,\mathrm{K}$. 二原子分子の定容モル熱容量は $(5/2) \times 8.314 = 20.79 \,\mathrm{J\,K^{-1}\,mol^{-1}}$, 定圧モル熱容量は $(7/2) \times 8.314 = 29.10 \,\mathrm{J\,K^{-1}\,mol^{-1}}$ で, $\gamma = C_p/C_V = 7/5$. 断熱過程では $PV^{\gamma} = c$ (一定) が成り立つから, 変化後の圧力は $(60/20)^{7/5} = 4.656 \,\mathrm{bar}$. 変化後の温度は $(4.656 \times 10^5) \times (20 \times 10^{-3})/(3 \times 8.314) = 373.3 \,\mathrm{K}$. 熱エネルギーは 0. 仕事エネルギーは $3 \times 8.314/((7/5) - 1) \times (373.3 - 240.6) = 8276 \,\mathrm{J}$. 内部エネルギーの変化量は $8276 \,\mathrm{J}$. エンタルピーの変化量は $3 \times 29.10 \times (373.3 - 240.6) = 11580 \,\mathrm{J}$.

第6章 **1.** グラファイトが標準物質なので, ダイヤモンドのほうが大きい. **2.** $(1/2) \mathrm{N}_2 + \mathrm{O}_2 \to \mathrm{NO}_2$. $\Delta_\mathrm{f} H^{\ominus} = 33.18 \,\mathrm{kJ\,mol^{-1}}$. **3.** $\mathrm{N}_2 + 2\mathrm{O}_2 \to 2\mathrm{NO}_2$. $\Delta_\mathrm{r} H^{\ominus} = 33.18 \times 2 = 66.36 \,\mathrm{kJ}$. **4.** HCl の標準生成エンタルピーは $(1/2)\mathrm{H}_2 + (1/2)\mathrm{Cl}_2 \to \mathrm{HCl}$ で $\Delta_\mathrm{f} H^{\ominus} = -92.31 \,\mathrm{kJ\,mol^{-1}}$. 分解反応は $2\mathrm{HCl} \to \mathrm{H}_2 + \mathrm{Cl}_2$. 反応エンタルピーは $\Delta_\mathrm{r} H^{\ominus} = 92.31 \times 2 = +184.6 \,\mathrm{kJ}$. 正の値だから, 吸熱反応. **5.** $\mathrm{CH}_2=\mathrm{CH}_2 + \mathrm{HCl} \to \mathrm{CH}_3-\mathrm{CH}_2\mathrm{Cl}$ だから, $\Delta_\mathrm{r} H^{\ominus} = -112.1 - (-92.31) - 52.47 = -72.26 \,\mathrm{kJ}$. 負の値だから, 発熱反応. **6.** (a) $\mathrm{NH}_3 + (3/4)\mathrm{O}_2 \to (1/2)\mathrm{N}_2 + (3/2)\mathrm{H}_2\mathrm{O}$ $\Delta_\mathrm{r} H^{\ominus} = -383 \,\mathrm{kJ}$. また, $\mathrm{H}_2 + (1/2)\mathrm{O}_2 \to \mathrm{H}_2\mathrm{O}$ $\Delta_\mathrm{r} H^{\ominus} = -285.8 \,\mathrm{kJ}$. $(1/2)\mathrm{N}_2 + (3/2)\mathrm{H}_2 \to \mathrm{NH}_3$ だから, $\Delta_\mathrm{f} H^{\ominus} = (3/2) \times (-285.8) - (-383) = -45.7 \,\mathrm{kJ\,mol^{-1}}$.

(b) $HC\equiv CH + (5/2)O_2 \to 2CO_2 + H_2O$ $\Delta_rH^\ominus = -1300$ kJ. $C + O_2 \to CO_2$ $\Delta_rH^\ominus = -393.5$ kJ. $H_2 + (1/2)O_2 \to H_2O$ $\Delta_rH^\ominus = -285.8$ kJ. $2C + H_2 \to HC\equiv CH$ だから，$\Delta_fH^\ominus = 2\times(-393.5) - 285.8 - (-1300) = 227.2$ kJ mol^{-1}．(c) $C + 2H_2 \to CH_4$ $\Delta_fH^\ominus = -74.81$ kJ．$CH_4 + 2O_2 \to CO_2 + 2H_2O$ だから，$\Delta_rH^\ominus = 2\times(-285.8) - (-74.81) - 393.5 = -890.3$ kJ．(d) $(1/2)H_2 + C + (1/2)N_2 \to HCN$ $\Delta_fH^\ominus = +132$ kJ mol^{-1}．$HCN + (5/2)O_2 \to (1/2)H_2O + (1/2)N_2 + CO_2$ だから，$\Delta_rH^\ominus = (1/2)\times(-285.8) + (-393.5) - 132 = -668.4$ kJ．**7.** $(1/2)N_2 + (1/2)O_2 \to NO$ $\Delta_fH^\ominus = 90.25$ kJ mol^{-1}．$(1/2)N_2 + O_2 \to NO_2$ $\Delta_fH^\ominus = 33.18$ kJ mol^{-1}．$NO + (1/2)O_2 \to NO_2$ だから，$\Delta_rH^\ominus = 33.18 - 90.25 = -57.07$ kJ．発熱反応．

8.

```
400 K   (3/2) H₂ + (1/2) N₂  ──ΔrH⊖(400)──▶  NH₃
         │                                    ▲
ΔH₁ = 5.8 kJ                          ΔH₂ = 3.845 kJ
         ▼                                    │
300 K   (3/2) H₂ + (1/2) N₂  ──ΔrH⊖(300) = −46 kJ──▶  NH₃
```

$\Delta H_1 = (3/2)\times 29\times(400-300) + (1/2)\times 29\times(400-300) = 5800$ J $= 5.8$ kJ．
$\Delta H_2 = 29.7\times(400-300) + 0.025\times(1/2)\times(400^2 - 300^2) = 3845$ J $= 3.845$ kJ．
$\Delta_rH^\ominus(400) = -46.0 + 3.845 - 5.80 = -48.0$ kJ．

第7章　1. (a) 固体になる．凝華．(b) 液体になる．凝縮．さらに冷却すると，固体になる．凝固．**2.** 水蒸気が氷になる．凝華．**3.** S (斜方) → S (単斜) $\Delta H = 0.40$ kJ mol^{-1}．ΔH は正の値．斜方晶系のほうが安定．また，S (斜方) $+ O_2 \to SO_2$ $\Delta_rH^\ominus = -296.8$ kJ．S (単斜) $+ O_2 \to SO_2$ $\Delta_rH^\ominus = -296.8 - 0.40 = -297.2$ kJ．**4.** ベンゼンには π 電子があり，分子間相互作用が大きいから，シクロヘキサン．また，融解エンタルピーはベンゼンのほうが大きい．**5.** ナフトールには OH 基があり，分子間水素結合するから，ナフタレン．また，融解エンタルピーはナフトールのほうが大きい．**6.** 298 K では，H_2O (水) $\to H_2O$ (水蒸気) $\Delta H = -241.8 - (-285.8) = 44.00$ kJ mol^{-1}．水 (298 K) → 水 (373 K) $\Delta H = 75.3\times(373-298) = 5648$ J．水蒸気 (298 K) → 水蒸気 (373 K) $\Delta H = 37.1\times(373-298) = 2783$ J．沸点 373 K では $\Delta H = 44.00 + 2.783 - 5.648 = 41.13$ kJ mol^{-1}．**7.** $2600 + 89100 + 30\times(1163-298) = 117650$ J $= 117.7$ kJ．**8.** $(117.7 - 107.5) = C_p \times (1163$

$-298)$．したがって，$C_p = 0.01179$ kJ K^{-1} mol^{-1} = 11.79 J K^{-1} mol^{-1}．

```
          1163 K      Na（気体）
  ΔH = 117.7 kJ  ↗         ↖  ΔH = C_p × (1163 − 298)
          298 K   Na（固体）   →   Na（気体）
                    ΔH = 107.5 kJ
```

第8章 1. それぞれの気体について $\Delta S = nR\ln(V_2/V_1)$．物質量 n は $n = (2 \times 10^5) \times (1 \times 10^{-3}) / (8.314 \times 300) = 0.08019$．だから，$0.08019 \times 8.314 \times \ln(2/1) = 0.04621$ J K^{-1}．合計 $\Delta S = 0.09242$ J K^{-1}．エントロピーは増える． **2.** $C_p = (7/2)R$．$\Delta S = nC_p\ln(T_2/T_1) = nC_p\ln(V_2/V_1) = 2 \times (7/2) \times 8.314 \times \ln(30/20) = 23.60$ J K^{-1}． **3.** $C_V = (5/2)R$．$\Delta S = nC_V\ln(T_2/T_1) = nC_V\ln(P_2/P_1) = 5 \times (5/2) \times 8.314 \times \ln(4/1) = 144.1$ J K^{-1}． **4.** $\Delta S = nR\ln(V_2/V_1) = nR\ln(P_1/P_2) = 1 \times 8.314 \times \ln(1/0.5) = 5.763$ J K^{-1}． **5.** $Q=0$ だから，0． **6.** $C_p = (5/2)R$．$\Delta S = nC_P\ln(T_2/T_1) = 3 \times (5/2) \times 8.314 \times \ln(600/300) = 43.22$ J K^{-1}． **7.** $C_p = 29.7 + 0.025T$ だから，$\Delta S = n\int_{300}^{600}\frac{C_P}{T}dT = 2 \times \int_{300}^{600}\frac{29.7 + 0.025T}{T}dT = 2 \times 29.7 \times \ln(600/300) + 2 \times 0.025 \times (600-300) = 56.17$ J K^{-1}． **8.** NO + (1/2)O$_2$ → NO$_2$．$\Delta S = 240.0 - 210.7 - (1/2) \times 205.0 = -73.20$ J K^{-1}．

第9章 1. $Q = RT\ln(P_1/P_2) = 8.314 \times 300 \times \ln(1/0.5) = 1729$ J，$W = -1729$ J，$\Delta S = R\ln(P_1/P_2) = 8.314 \times \ln(1/0.5) = 5.763$ J K^{-1}，$\Delta U = 0$，$\Delta H = 0$，$\Delta A = \Delta U - T\Delta S = 0 - 300 \times 5.763 = -1729$ J，$\Delta G = \Delta H - T\Delta S = 0 - 300 \times 5.763 = -1729$ J． **2.** Se（赤）→ Se（灰） $\Delta H = 0.75$ kJ mol^{-1}．$T = 423$ K だから，$\Delta S = 750/423 = 1.773$ J K^{-1} mol^{-1}． **3.** $\Delta S = 28.56 \times \ln(1337/1200) + 12600/1337 + 31.3 \times \ln(1400/1337) = 13.95$ J K^{-1}． **4.** (1/2)N$_2$ + O$_2$ → NO$_2$．$\Delta S^{\ominus} = 240.0 - (1/2) \times 191.5 - 205.0 = -60.75$ J K^{-1} mol^{-1}．$\Delta_f G^{\ominus} = \Delta_f H^{\ominus} - T\Delta S^{\ominus} = 33.18 - 298 \times (-0.06075) = 51.28$ kJ mol^{-1}． **5.** (3/2)O$_2$ → O$_3$．$\Delta S^{\ominus} = 238.8 - (3/2) \times 205.0 = -68.7$ J K^{-1} mol^{-1}．$\Delta_f G^{\ominus} = \Delta_f H^{\ominus} - T\Delta S^{\ominus} = 142.7 - 298 \times (-0.0687) = 163.2$ kJ mol^{-1}． **6.** NO + (1/2)O$_2$ → NO$_2$．$\Delta S^{\ominus} = 240.0 - 210.65 - (1/2) \times 205.0 = -73.15$ J K^{-1} mol^{-1}．$\Delta_r H^{\ominus} = 33.18 - 90.25 = -57.07$ kJ．$\Delta_r G^{\ominus} = \Delta_r H^{\ominus} - T\Delta S^{\ominus} = -57.07 - 298 \times (-0.07315) = -35.27$ kJ． **7.** $\Delta_r G^{\ominus} = 51.29 - 86.55 = -35.26$ kJ．問題6の答えと同じになる． **8.** $\Delta S^{\ominus} = 192.67 - (3/2) \times 130.58 - (1/2) \times 191.50 = -98.95$ J K^{-1} mol^{-1}．したがって，$\Delta_f G^{\ominus} = \Delta_f H^{\ominus} - $

$T\Delta S^{\ominus} = -45940 - 298 \times (-98.95) = -16452 \text{ J mol}^{-1} = -16.45 \text{ kJ mol}^{-1}$.

第 10 章 1. 気体の体積は固体よりも大きく,自由に動く空間が広いから,二酸化炭素のほうが大きい.

2. 固体 → 気体に相変化.　　　3. 固体 → 液体 → 気体に相変化.

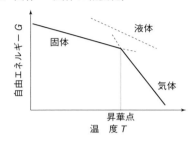 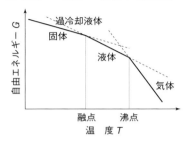

4. 気体の体積は固体に比べて大きいから,二酸化炭素のほうが大きい.

5. 気体 → 液体 → 固体に相変化.　　6. 気体 → 固体に相変化.

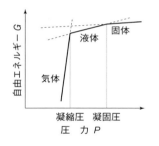 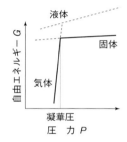

7. 固体の体積よりも液体の体積のほうが大きいから $\Delta V > 0$. 融解エンタルピーも $\Delta H > 0$ だから,傾きは正. 融解曲線は右上がりになる. 8. クラペイロン-クラウジウスの式を積分して,$\ln(P) = -\Delta H / RT + c$(積分定数). したがって,$\ln(55.33) = -\Delta H/(8.314 \times 313) + c$ および $\ln(355.26) = -\Delta H/(8.314 \times 353) + c$. これらの式の差をとって整理すると,$\ln(55.33/355.26) = -(\Delta H/8.314) \times (1/313 - 1/353)$ となり,$-1.860 = -\Delta H \times (4.354 \times 10^{-5})$ となるから,$\Delta H = 42720 \text{ J mol}^{-1}$. すなわち,$42.72 \text{ kJ mol}^{-1}$ となる. なお,計算では圧力の比が使われるので,圧力の単位は関係しない. 単位の換算のための係数は積分定数に含まれる.

第 11 章 1. $(373 - 273)/373 = 26.81\%$. 2. $(100 - 30)/100 = 70\%$. 3. ① 定圧膨張過程,② 定容過程,③ 定圧圧縮過程,④ 定容過程. 4. ① $W_1 = -P_A(V_B - $

V_A), ② $W_2 = 0$, ③ $W_3 = -P_B(V_A - V_B)$, ④ $W_4 = 0$. $W_1 + W_2 + W_3 + W_4 = -P_A(V_B - V_A) - P_B(V_A - V_B) = -(P_A - P_B)(V_B - V_A)$. **5.** $(P_A - P_B) \times (V_B - V_A)$. 系が外界に行った仕事エネルギー. **6.** ① $Q_1 = (5/2)R(T_2 - T_1) = (5/2)P_A(V_B - V_A)$, ② $Q_2 = (3/2)R(T_3 - T_2) = (3/2)V_B(P_B - P_A)$, ③ $Q_3 = (5/2)R(T_4 - T_3) = (5/2)P_B(V_A - V_B)$, ④ $Q_4 = (3/2)R(T_1 - T_4) = (3/2)V_A(P_A - P_B)$. $Q_1 + Q_2 + Q_3 + Q_4 = (5/2)P_A(V_B - V_A) + (3/2)V_B(P_B - P_A) + (5/2)P_B(V_A - V_B) + (3/2)V_A(P_A - P_B) = (P_A - P_B)(V_B - V_A)$. **7.** 外界からもらった熱エネルギーは正の値をとる Q_1 と Q_4, 外界に放出した熱エネルギーは負の値をとる Q_2 と Q_3 である. したがって, $\eta = -W/(Q_1 + Q_4) = (P_A - P_B)(V_B - V_A)/((5/2)P_A(V_B - V_A) + (3/2)V_A(P_A - P_B))$. **8.** $\eta = (2-1) \times (20-10)/((5/2) \times 2 \times (20-10) + (3/2) \times 10 \times (2-1)) = 10/65 = 0.1538$. 答えは 15.38 %.

第 12 章 **1.** K_c の方が大きい. **2.** $(3/2)H_2 + (1/2)N_2 \rightleftharpoons NH_3$ $K_p = \dfrac{(p_{NH_3})}{(p_{H_2})^{3/2}(p_{N_2})^{1/2}}$. **3.** $x_A = 2/(2+3) = 0.4$, $x_B = 3/(2+3) = 0.6$. **4.** $K_c = 0.6/0.4 = 1.5$. **5.** $\Delta G = -\ln(1.5) \times 8.314 \times 300 = -1011$ J mol^{-1}. **6.** $(1/2)N_2 + (1/2)O_2 \rightarrow NO$ $\Delta S = 210.7 - (1/2) \times 191.5 - (1/2) \times 205.0 = 12.45$ kJ mol^{-1}. $\Delta G = \Delta H - T\Delta S = 90250 - 298 \times 12.45 = 86540$ J mol^{-1} = 86.54 kJ mol^{-1}. **7.** $NO + (1/2)O_2 \rightarrow NO_2$ $\Delta G = 51.29 - 86.54 = -35.25$ kJ mol^{-1}. $K_c = \exp\{35250/(8.314 \times 298)\} = 1.510 \times 10^6$. **8.** 化学平衡状態で, 一酸化窒素は $(2-x)$ mol, 酸素は $(1-x/2)$ mol, 二酸化窒素は x mol である. 合計は $(3-x/2)$ mol だから, それぞれのモル分率は $(2-x)/(3-x/2)$, $(1-x/2)/(3-x/2)$, $x/(3-x/2)$ となる. したがって
$$K_c = \frac{x\,(3-x/2)^{1/2}}{(2-x)(1-x/2)^{1/2}}$$ となる.

第 13 章 **1.** エタノールのモル分率は $2/(2+1) = 0.6667$. 図より, 0.13 atm. **2.** $\Delta_{mix}S = -R(n_A \ln(x_A) + n_B \ln(x_B)) = -8.314 \times (2 \times \ln(0.6667) + 1 \times \ln(0.3333)) = 15.88$ J K^{-1}. **3.** $\Delta_{mix}G = \Delta H - T\Delta_{mix}S = 3 \times (-290) - 298 \times 15.88 = -5602$ J. **4.** ラウールの法則より, $p = 0.18 \times 0.6667 = 0.12$ atm. **5.** 混合エントロピーは, $\Delta_{mix}S = -R(n_A \ln(x_A) + n_B \ln(x_B)) = -8.314 \times (0.1 \times \ln(0.1) + 0.9 \times \ln(0.9)) = 2.703$ J K^{-1} となる. したがって, $\Delta_{mix}G = \Delta_{mix}H - T\Delta_{mix}S = -4800 - 1028 \times 2.703 = -7579$ J. **6.** エタノールは 351.5 K, ベンゼンは 353 K. **7.** (1) 345 K. (2) エタノールは 0.24, ベンゼンは 0.76. (3) 図より, およそ 340 K.

(4) 図より，およそ 339 K．(5) エタノールは 0.42，ベンゼンは 0.58．**8**．エタノール水溶液．

第 14 章 **1**．モル質量は $58\,\mathrm{g\,mol^{-1}}$ だから，$K_\mathrm{f} = \dfrac{58}{1000} \times \dfrac{8.314 \times 178 \times 178}{5690} = 2.685\,\mathrm{K\,mol^{-1}\,kg}$．**2**．$K_\mathrm{b} = \dfrac{58}{1000} \times \dfrac{8.314 \times 330 \times 330}{29000} = 1.811\,\mathrm{K\,mol^{-1}\,kg}$．**3**．$2 \times (1000/100)/(0.1/1.853) = 370.6\,\mathrm{g\,mol^{-1}}$．**4**．水 1 kg には 100 g が溶けている．質量モル濃度は $100/300 = 0.3333\,\mathrm{mol\,kg^{-1}}$ である．凝固点降下は $0.3333 \times 1.853 = 0.6177\,\mathrm{K}$．**5**．$6 \times (1000/100)/(0.1/0.515) = 309.0\,\mathrm{g\,mol^{-1}}$．**6**．水 1 kg には 200 g が溶けている．質量モル濃度は $200/300 = 0.6667\,\mathrm{mol\,kg^{-1}}$ である．沸点上昇は $0.6667 \times 0.515 = 0.3434\,\mathrm{K}$．**7**．$1000 = (7/x) \times 8.314 \times 300/(1 \times 10^{-3})$．したがって，$x = 17460\,\mathrm{g\,mol^{-1}}$．**8**．体積を $\mathrm{m^3}$ で計算すると，$\Pi = 0.02 \times 8.314 \times 300/(1 \times 10^{-3}) = 4.988 \times 10^4\,\mathrm{Pa}$．

第 15 章 **1**．塩化ナトリウムのモル質量は $58.5\,\mathrm{g\,mol^{-1}}$．したがって，5.85 g には 0.1 mol が存在する．解離度が 1 だから，溶けているイオン量は 0.2 mol である．1 mol で 0.515 K 上昇するから，0.103 K である．**2**．解離度が 0.9 だから，溶けているイオン量は 0.18 mol および分子は 0.01 mol．つまり，合計 0.19 mol．したがって，$0.515 \times 0.19 = 0.09785\,\mathrm{K}$ である．**3**．$4.75 \times 10^5 \times (1 \times 10^{-3}) = i \times 0.1 \times 8.314 \times 300$ が成り立つ．よって，$i = 1.904$ となる．**4**．$i = (1-\alpha) + \alpha(1+1) = 1 + \alpha = 1.904$ となる．したがって，解離度は 0.904．**5**．$c = 0.01\,\mathrm{mol\,L^{-1}}$，$\alpha = 0.042$ を $K_\mathrm{a} = \dfrac{c\alpha^2}{1-\alpha}$ に代入すると，$K_\mathrm{a} = \dfrac{0.01 \times (0.042)^2}{(1-0.042)} = 1.841 \times 10^{-5}\,\mathrm{mol\,L^{-1}}$．**6**．解離定数は変わらないから，$1.841 \times 10^{-5} = \dfrac{0.02 \times \alpha^2}{1-\alpha}$ となる．この式を解いて，$\alpha = 0.0308$ となる．答えは 3.08 %．**7**．$\Delta G = -45.60 - 65.49 = -111.1\,\mathrm{kJ\,mol^{-1}}$．この値をファラデーの式に代入して，$E = -\dfrac{-111100}{2 \times 96500} = 0.5757\,\mathrm{V}$ となる．**8**．$\Delta G = -262 - 176 = -438\,\mathrm{kJ\,mol^{-1}}$．この値をファラデーの式に代入して，$E = -\dfrac{-438000}{96500} = 4.539\,\mathrm{V}$ となる．

索 引

あ～お

圧縮因子　12
圧力　3, 8
圧力―組成図　126
アボガドロ数　2
アボガドロ定数　3
イオン結合　66
イオン独立移動の法則　145
運動の自由度　39
液相　63
液相線　126
SI 単位系　4
エネルギーの保存則　27
エンタルピー　47
エントロピー　74
オームの法則　145
温度　3, 8
温度―組成図　127

か

外界　27
回転運動　3
解離定数　146
解離度　144
化学電池　146
化学平衡　116
化学平衡の法則　118
化学ポテンシャル　115
化学量論係数　117
可逆過程　74
カルノーサイクル　105
過冷却液体　99
カロリー　5

完全溶液　125

き

規格化定数　20
気相　63
気相線　126
希薄溶液　124
ギブズの自由エネルギー　85
吸熱反応　54
凝固点降下　134
凝固点降下定数　135
強電解質　144
共沸混合物　133
極限イオン伝導率　145
極限モル伝導率　145
金属結合　66

く～こ

クラペイロンの式　101
クラペイロン-クラウジウスの式　101
系　27
経路関数　27
ケルビン　4
格子振動　7
国際単位系　4
固相　63
混合エンタルピー　126
混合エントロピー　125
混合自由エネルギー　125
根二乗平均速さ　19

さ～し

最大効率　108

最頻値　24
酸解離定数　146
三重点　63
示強性変数　10
仕事エネルギー　27
実在気体　11
質量作用の法則　118
質量モル濃度　135
弱電解質　144
シャルルの法則　10
ジュール　5
準静的過程　30
昇華圧曲線　63
蒸気圧曲線　63
蒸気圧降下　135
状態関数　28
状態図　63
状態量　3, 10
蒸発エンタルピー　64
蒸発エントロピー　86
示量性変数　10
浸透圧　137
振動運動　3

す～そ

水素結合　65
生成物　54
摂氏温度　4
相図　63
相転移　63
相平衡　64
束一的性質　134
速度分布　20
束縛エネルギー　84

た〜と

第一種永久機関　105
第二種永久機関　105
体積　3, 8
体積モル濃度　117, 137
単体　55
断熱圧縮　30
断熱過程　30
断熱膨張　30
定圧過程　28
定圧熱容量　38
定容過程　30
定容熱容量　38
デシ　4
転移エンタルピー　64
転移エントロピー　86
電気抵抗　144
電気抵抗率　145
電気伝導率　145
等温過程　30

な〜の

内部エネルギー　3, 27
熱エネルギー　27
熱機関　105
熱効率　107
熱容量　38
熱力学温度　4
熱力学第一法則　27
熱力学第二法則　74
熱力学第三法則　76

は〜ひ

バール　4
パスカル　4
発熱反応　54
半透膜　136
反応熱　54
反応物　54
微視的な状態数　73
微小変化　27
非電解質　144
標準エントロピー　76
標準状態　4, 54
標準生成エンタルピー　55
標準反応エンタルピー　54

ふ

ファラデー定数　147
ファラデーの式　147
ファンデルワールス結合　66
ファンデルワールス定数　11
ファンデルワールスの状態方程式　11
ファントホッフ係数　144
ファントホッフの法則　137
不可逆過程　74
物質量　2
沸点　64
沸点上昇　135
沸点上昇定数　135
分子間振動　7
分子内振動　7
分別蒸留　131
分留　131

へ〜ほ

平衡状態　10
平衡定数　117
並進運動　3
ヘスの法則　56
ヘルムホルツの自由エネルギー　84
変化量　27
ヘンリー係数　125
ヘンリーの法則　125
ポアソンの関係式　30
ボイルの法則　10
ボルツマン定数　19
ボルツマン分布　19

ま〜れ

マイヤーの関係式　39
マクスウェルの関係式　96
モル質量　3
モル体積　11
モル伝導率　145
モル熱容量　38
モル比　115
モル分率　115
融解エンタルピー　64
融解エントロピー　86
融解曲線　63
融点　64
溶質　124
溶媒　124
ラウールの法則　125
理想溶液　125
理想気体　11
理想気体の状態方程式　11
連結線　126

著者略歴

中田 宗隆(なかた むねたか)

1953 年　愛知県に生まれる
1977 年　東京大学理学部化学科卒業
1981 年　東京大学理学部化学科助手
1987 年　広島大学理学部化学科講師
1989 年　東京農工大学農学部助教授
1995 年　東京農工大学大学院生物システム応用科学府教授
2019 年　東京農工大学名誉教授

専門は量子光化学（光反応機構や熱発光機構の分子レベルでの解明）．著書は『化学結合論』(裳華房)，『量子化学－基本の考え方16章－』(東京化学同人) など，多数．

演習で学ぶ 化学熱力学 ―基本の理解から大学院入試まで―

2015 年 11 月 5 日　第 1 版 1 刷発行
2022 年 1 月 25 日　第 3 版 1 刷発行

検印省略	著作者	中田　宗隆
	発行者	吉野和浩
定価はカバーに表示してあります．	発行所	東京都千代田区四番町8-1 電話　03-3262-9166（代） 郵便番号　102-0081 株式会社　裳華房
	印刷所	中央印刷株式会社
	製本所	牧製本印刷株式会社

一般社団法人
自然科学書協会会員

JCOPY〈出版者著作権管理機構 委託出版物〉
本書の無断複製は著作権法上での例外を除き禁じられています．複製される場合は，そのつど事前に，出版者著作権管理機構（電話03-5244-5088，FAX 03-5244-5089，e-mail: info@jcopy.or.jp）の許諾を得てください．

ISBN 978-4-7853-3508-3

© 中田宗隆，2015　　Printed in Japan

しっかり学ぶ 化学熱力学 －エントロピーはなぜ増えるのか－

石原顕光 著　Ａ５判／228頁／定価 2860円（税込）

化学熱力学の教科書を読んでも，講義を受けても，きちんと理解できたような気がしない，でも"どこがわからない"のかもわからない．そんな悩める読者のために，化学熱力学について長年考え続けてきた著者が，自らの探究過程をたどりながら"どこが理解しづらいのか""どこでつまずきがちなのか"を示し，現場で使いこなすための化学熱力学を懇切ていねいに解説した，ユニークなテキスト．

【主要目次】1．エネルギー　2．熱力学第一法則　3．熱力学第二法則　4．エントロピーをどのように理解するか　5．エンタルピー　6．ギブズエネルギーと化学平衡　7．化学熱力学を使いこなす

物理化学入門シリーズ　　各Ａ５判

物理化学の最も基本的な題材を選び，それらを初学者のために，できるだけ平易に，懇切に，しかも厳密さを失わないように，解説する．

化学結合論

中田宗隆 著　190頁／定価 2310円（税込）

【主要目次】1．原子の構造と性質　2．原子軌道と電子配置　3．分子軌道と共有結合　4．異核二原子分子と電気双極子モーメント　5．混成軌道と分子の形　6．配位結合と金属錯体　7．有機化合物の単結合と異性体　8．π結合と共役二重結合　9．共有結合と巨大分子　10．イオン結合とイオン結晶　11．金属結合と金属結晶　12．水素結合と生体分子　13．疎水結合と界面活性剤　14．ファンデルワールス結合と分子結晶

量子化学

大野公一 著　264頁／定価 2970円（税込）

【主要目次】1．量子論の誕生　2．波動方程式　3．箱の中の粒子　4．振動と回転　5．水素原子　6．多電子原子　7．結合力と分子軌道　8．軌道間相互作用　9．分子軌道の組み立て　10．混成軌道と分子構造　11．配位結合と三中心結合　12．反応性と安定性　13．結合の組換えと反応の選択性　14．ポテンシャル表面と化学

化学熱力学

原田義也 著　212頁／定価 2420円（税込）

【主要目次】1．序章　2．気体　3．熱力学第1法則　4．熱化学　5．熱力学第2法則　6．エントロピー　7．自由エネルギー　8．開いた系　9．化学平衡　10．相平衡　11．溶液　12．電池

反応速度論

真船文隆・廣川　淳 著　236頁／定価 2860円（税込）

【主要目次】1．反応速度と速度式　2．素反応と複合反応　3．定常状態近似とその応用　4．触媒反応　5．反応速度の解析法　6．衝突と反応　7．固体表面での反応　8．溶液中の反応　9．光化学反応

化学のための 数学・物理

河野裕彦 著　288頁／定価 3300円（税込）

【主要目次】1．化学数学序論　2．指数関数，対数関数，三角関数　3．微分の基礎　4．積分と反応速度式　5．ベクトル　6．行列と行列式　7．ニュートン力学の基礎　8．複素数とその関数　9．線形常微分方程式の解法　10．フーリエ級数とフーリエ変換 －三角関数を使った信号の解析－　11．量子力学の基礎　12．水素原子の量子力学　13．量子化学入門 －ヒュッケル分子軌道法を中心に－　14．化学熱力学

裳華房ホームページ　https://www.shokabo.co.jp/